Bharati Mukhopadhyay

Pirólise do sabugo de milho, preparação de biochar e estudo do crescimento das plântulas

Bharati Mukhopadhyay

Pirólise do sabugo de milho, preparação de biochar e estudo do crescimento das plântulas

ScienciaScripts

Imprint
Any brand names and product names mentioned in this book are subject to trademark, brand or patent protection and are trademarks or registered trademarks of their respective holders. The use of brand names, product names, common names, trade names, product descriptions etc. even without a particular marking in this work is in no way to be construed to mean that such names may be regarded as unrestricted in respect of trademark and brand protection legislation and could thus be used by anyone.

Cover image: www.ingimage.com

This book is a translation from the original published under ISBN 978-3-659-82745-7.

Publisher:
Sciencia Scripts
is a trademark of
Dodo Books Indian Ocean Ltd. and OmniScriptum S.R.L publishing group

120 High Road, East Finchley, London, N2 9ED, United Kingdom
Str. Armeneasca 28/1, office 1, Chisinau MD-2012, Republic of Moldova, Europe
Printed at: see last page
ISBN: 978-620-8-34897-7

Pirólise do sabugo de milho, preparação de biocarvão e estudo do crescimento de plântulas através da aplicação de biocarvão no solo e em meios de cultura de tecidos.

ÍNDICE

INTRODUÇÃO

Mais de 80% da população vive em zonas rurais e depende de combustíveis tradicionais como a lenha, a casca de arroz, a casca de coco seca, as espigas de milho, o bagaço, etc., para cozinhar e aquecer (Censo da Índia 2007). A queima destes combustíveis aumenta a poluição do ar em recintos fechados, o que afecta negativamente a saúde das mulheres e das crianças em particular.

Numa aldeia tribal, a principal ocupação do povo tribal é a agricultura. No entanto, as mulheres e as crianças participam na recolha de lenha e na obtenção de água potável. Durante a recolha de lenha, estas mulheres enfrentam problemas como a segurança e a eficácia do corte da madeira e do seu transporte de volta para casa. A queima de lenha para cozinhar num processo de ambiente fechado resulta numa grande quantidade de emissões tóxicas, que têm um impacto na saúde das pessoas sem o seu conhecimento. As senhoras tribais no sistema de portas fechadas inalam os gases tóxicos e as partículas durante o tempo de cozedura. Como resultado, as mulheres tribais sofrem de várias doenças, como cataratas, problemas pulmonares, doenças respiratórias e anemia. Assim, o impacto total da utilização de combustível de biomassa é grave.

Em vez disso, se a biomassa for pirolisada, os gases tóxicos que saem podem ser separados e subsequentemente absorvidos por reação química em vez de serem libertados na atmosfera e o resíduo é carvão vegetal com elevado valor calorífico e útil como fonte de combustível. O carvão vegetal que sai como resíduo do gaseificador pode ser utilizado em vez de lenha. A mudança do combustível de biomassa para o carvão vegetal resulta em emissões mais respeitadoras do ambiente. O carvão vegetal é considerado como um tipo de combustível campeão gerado a partir da queima de biomassa em quantidades muito reduzidas de oxigénio. O carvão vegetal é um combustível muito interessante. Não emite nada, gera um mínimo de efluentes e queima de forma muito eficiente com libertação de uma boa quantidade de calor. A grande vantagem do carvão vegetal é que pode ser utilizado como combustível limpo para queimar num ambiente fechado.

Algumas das vantagens da utilização do carvão vegetal como combustível sólido são

1. O carvão vegetal pode ser produzido a partir de produtos florestais como madeiras, galhos, etc. Subprodutos agro-industriais como a casca de arroz, resíduos de cana-de-açúcar ou resíduos agrícolas como a casca de arroz, espigas de milho, casca de coco, etc.
2. O carvão vegetal pode ser utilizado como um excelente combustível para uso doméstico. Arde facilmente e de forma estável sem emitir qualquer fumo ou cheiro.
3. O carvão vegetal é muito leve e o seu transporte é também mais fácil e menos dispendioso devido à sua maior densidade a granel do que a madeira e outros combustíveis sólidos semelhantes.
4. O armazenamento do carvão vegetal é também mais fácil devido às suas formas quase regulares. Além disso, não se degrada com o armazenamento prolongado.
5. Pode ser queimado diretamente tal como está ou pode ser convertido em pellets, misturando-o com um aglutinante barato.
6. Menos fissuras e maior resistência fazem com que o carvão arda durante muito tempo.

Pelas vantagens acima referidas, o carvão vegetal é utilizado em muitos países como combustível doméstico para cozinhar e para outras necessidades de aquecimento em casas nas zonas urbanas e em actividades comerciais, como as indústrias de transformação de metais, os fornos de tijolos e o fabrico de doces.

Os fertilizantes são substâncias que fornecem nutrientes às plantas. São o meio mais eficaz de aumentar a produção agrícola e de melhorar a qualidade dos alimentos e das forragens.

Os adubos são principalmente de 2 tipos:

1. Fertilizante inorgânico (químico)
2. Fertilizante orgânico.

Atualmente, são utilizados principalmente produtos químicos como fertilizantes, que têm muitas desvantagens e efeitos perigosos para o nosso ambiente. Podem distorcer a qualidade do solo e diminuir a sua fertilidade. A concentração excessiva de fertilizantes sintéticos pode provocar a desidratação e a destruição dos tecidos vegetais. A aplicação de produtos químicos em excesso pode ligar outros nutrientes no solo, tornando-os assim indisponíveis para as plantas. Muitos fertilizantes inorgânicos são solúveis em água, pelo que, durante a chuva, se misturam com a água dos lagos ou dos rios, tornando-os poluídos. Não só é perigoso para os animais e plantas aquáticas, como também o consumo desta água poluída pode afetar os animais e o homem.

Mas, por outro lado, os fertilizantes orgânicos não poluem o ambiente. Um dos fertilizantes orgânicos mais promissores é o "BIOCARCOAL". Trata-se de um produto sólido rico em carbono resultante do aquecimento de biomassa em condições de oxigénio limitado. O biocarvão pode ser preparado a partir de combustíveis tradicionais, por exemplo, lenha, aparas de madeira, casca de coco seca, casca de arroz, espigas de milho, bagaço, etc., por pirólise. A importância do biochar não pode ser ignorada. Ajuda na fixação da terra, mantendo os gases nocivos retidos no solo durante anos.

O termo Biochar é definido simplesmente como carvão vegetal que é utilizado para fins agrícolas. É criado através de um processo de pirólise, aquecendo a biomassa num ambiente com pouco oxigénio. Uma vez iniciada a reação de pirólise, esta é autossustentável, não necessitando de qualquer contributo energético externo. Os subprodutos do processo incluem gás de síntese (H2 + CO), pequenas quantidades de metano (CH_4), alcatrão, ácidos orgânicos e excesso de calor. Quando o biochar é criado a partir de biomassa, aproximadamente 50% do carbono que as plantas absorveram como CO_2 da atmosfera é fixado no carvão vegetal. Como material, o carbono no carvão vegetal é largamente inerte, mostrando uma relativa falta de reatividade, tanto química como biológica, e por isso é fortemente resistente à decomposição. Das muitas substâncias orgânicas e inorgânicas que contêm átomos de carbono, apenas os diamantes poderiam potencialmente fornecer uma reserva de carbono mais permanente do que o carvão vegetal. Assim, o biochar oferece-nos uma oportunidade de ouro para remover o excesso de CO_2 da atmosfera e sequestrá-lo de uma forma praticamente permanente e benéfica para o ambiente. É indiscutível que o biochar é muito mais persistente no solo do que qualquer outra forma de matéria orgânica que é normalmente aplicada ao solo. Por conseguinte, todos os benefícios associados no que respeita à retenção de nutrientes e à fertilidade do solo perduram durante muito tempo.

O biochar é uma substância de carvão vegetal porosa e de grão fino, criada pela pirólise da biomassa. O biochar difere do carvão vegetal apenas no sentido em que a sua principal utilização não é como combustível, mas para a bio-sequestração ou armazenamento atmosférico. O biochar é produzido por pirólise ou gaseificação da biomassa (aquecimento da biomassa com pouco ou nenhum ar). Uma das principais funções do biochar é melhorar o solo e aumentar a sua fertilidade. Além disso, o biocarvão actua como um produto de limpeza natural, filtrando e retendo os nutrientes da água que percola no solo. A tecnologia é simples, mas os resultados são bastante profundos. Ao pirolisar (aquecer na ausência de oxigénio) a biomassa e misturar o carvão resultante no solo, é possível produzir: 1) Energia; 2) Sequestro de carbono; 3) Terras mais férteis. Além disso, o biochar resiste à decomposição normal no solo e, por isso, permanece lá durante séculos, ou mesmo milénios, como um sumidouro de carbono (removendo carbono da atmosfera). Por conseguinte, o biochar gera fertilidade do solo a longo prazo e contribui a longo prazo para a atenuação das alterações climáticas.

Utilizações agrícolas: O biochar aumenta a fertilidade do solo devido à sua área de superfície complexa e à sua intrincada estrutura de poros, que é hospitaleira para as bactérias benéficas do solo que ajudam as plantas a absorver facilmente os nutrientes do solo. Consequentemente, o biochar tem uma capacidade notável de atuar como catalisador agrícola, aumentando o crescimento das plantas em 30% a 300%. Mais notável ainda é o facto de o biochar só precisar de ser aplicado uma vez, uma vez que não é consumido, o que reduz significativamente os custos. A promoção do crescimento ocorre porque o carbono absorvente actua como agente de libertação lenta de nutrientes e hospedeiro dos micróbios do solo. Assim, este promotor de crescimento pode ser utilizado para reduzir o consumo de fertilizantes, resultando num maior crescimento das plantas e em menores aplicações de fertilizantes. O resultado final é uma maior produção de alimentos e um menor consumo de combustíveis fósseis devido à menor necessidade de fertilizantes.

Outro benefício para o sector agrícola é o facto de os resíduos das culturas poderem ser utilizados como fonte de biomassa. Assim, a indústria poderia ser autossuficiente no fornecimento de biochar para promover o crescimento das plantas, ao mesmo tempo que promove as alterações climáticas. Se os ensaios futuros confirmarem a investigação atual, o potencial de mercado é astronómico.

O carvão vegetal é um sólido estável e rico em carbono, pelo que pode ser utilizado para fixar o carbono no solo. O biochar tem um interesse crescente devido às preocupações com as alterações climáticas causadas pelas emissões de dióxido de carbono (CO_2) e outros gases com efeito de estufa (GEE). A captura de dióxido de carbono também retém grandes quantidades de oxigénio e requer energia para injeção (como através da captura e armazenamento de carbono), ao passo que o processo do biochar rompe o ciclo do dióxido de carbono, libertando assim oxigénio, tal como aconteceu com a formação do carvão há centenas de milhões de anos.

As plantas são a principal forma de a natureza absorver o dióxido de carbono da atmosfera e apenas armazenam o carbono temporariamente. Quando as plantas morrem e se decompõem, o carbono é libertado. Os solos contêm cerca de três vezes mais carbono do que a vegetação e duas vezes mais do que a atmosfera. A maior parte do carbono encontrado nos solos está incluída na matéria orgânica do solo (57% em peso). No entanto, as actividades agrícolas, a conversão de terrenos florestais e a erosão eólica e hídrica expuseram a matéria orgânica do solo à ação microbiana, causando uma perda de matéria orgânica através da decomposição. As perdas de carbono do solo aumentam a quantidade de carbono na atmosfera (causando o aquecimento global) e reduzem a produtividade do solo. A maioria dos solos agrícolas perdeu 30 a 40 toneladas de carbono/hectare; as suas reservas actuais de carbono orgânico do solo são muito inferiores à sua capacidade potencial. A reposição das reservas de carbono do solo (sequestro) tem sido um dos passos para ajudar a reduzir o carbono atmosférico.

Os processos de biochar pegam nos resíduos vegetais e transformam-nos numa forma estável que pode ser enterrada permanentemente como carvão vegetal. Assim, o Biochar é utilizado como fonte de carbono para criar um fertilizante que é novamente arado na terra, promovendo o crescimento das culturas. O biochar parece ser altamente estável no solo. Continuam a ser realizados estudos sobre a viabilidade técnica e económica da técnica, com alguns resultados que indicam que o Biochar pode fixar o carbono no solo durante 100 ou mesmo 1000 anos. (Relatório sobre o Desenvolvimento Mundial, 2010 : Desenvolvimento e alterações climáticas do Banco Mundial)

As origens do biochar e da técnica de utilização do carvão vegetal para melhorar a fertilidade do solo são modeladas a partir de um processo iniciado há milhares de anos, desde a era pré - colombiana, na bacia amazónica, onde ilhas de solos ricos e férteis, chamados terra preta (terra escura), foram criadas por povos indígenas, adicionando uma mistura de osso, estrume e carvão vegetal aos solos relativamente inférteis. Acredita-se que o carvão vegetal é o ingrediente-chave destes solos férteis, que persistem até aos dias de hoje. Os cientistas que investigaram alguns solos invulgarmente férteis na bacia amazónica descobriram que o solo foi alterado por antigos processos de fabrico de carvão vegetal. Os indígenas queimavam biomassa húmida (resíduos de culturas e estrume) a baixa temperatura, quase sem oxigénio. O produto era um sólido do tipo carvão vegetal com um teor de carbono muito elevado, chamado Bio Char. A Terra Preta do Índio, na Amazónia, tem mistificado a ciência nos últimos cem anos. Três vezes mais rica em nitrogénio e fósforo e vinte vezes mais rica em carbono do que os solos normais, a terra preta é o legado de técnicas antigas da Amazónia que permanecem um enigma, mas que se acredita terem sido utilizadas para fixar metade do carbono da vegetação queimada numa forma estável de biochar, em vez de libertar a maior parte dele na atmosfera.

A terra preta do Brasil continua a ser altamente fértil até hoje, mesmo com pouca ou nenhuma aplicação de fertilizantes, e isto numa região do mundo conhecida pelos seus solos altamente férteis. Estes solos continuam a "reter" carbono e permanecem tão ricos em nutrientes que foram desenterrados e vendidos como terra para vasos no mercado brasileiro. Os cientistas reproduziram este processo em ambientes industriais modernos em vários países.

A diferença entre a Terra Preta e os solos comuns da sua vizinhança é notável. Em contraste com os Ferralsols amarelos ou avermelhados, a Terra Preta é preta escura. A Terra Preta é rica em cálcio e fosfato. Estes dois elementos são escassos na bacia amazónica e a sua presença altera a fertilidade e a ecologia da paisagem de forma distinta. Segundo Bruno Glaser, da Universidade de Bayreuth, na Alemanha, a diferença entre a terra preta e os solos comuns é imensa. Um hectare de terra preta com um metro de profundidade pode conter 250 toneladas de carbono, em comparação com 100 toneladas em solos não melhorados de material de origem semelhante (Glaser, 2007).

Secção transversal de solo a 1 metro de profundidade comparando Terra Prêta à esquerda, com Oxisol

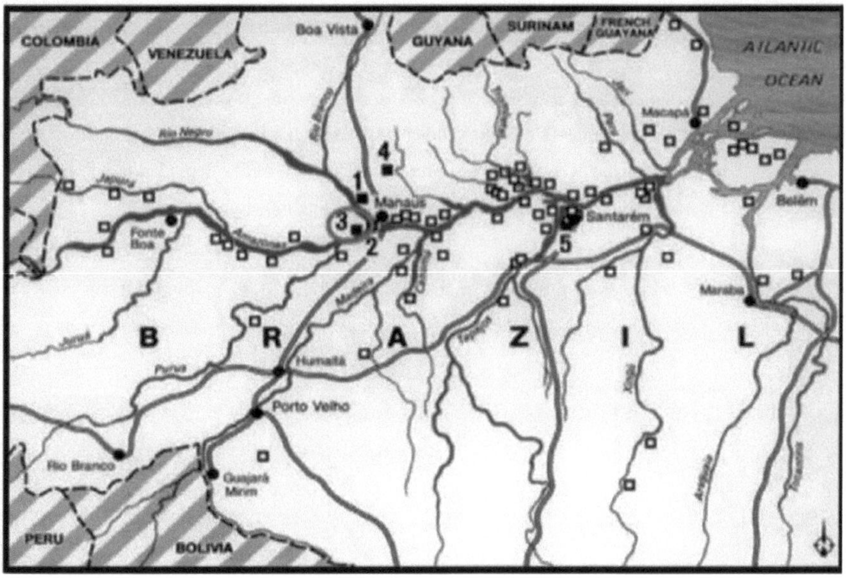

próximo à direita, encontrado na Bacia Amazônica.

Os sítios Terra Prêta foram encontrados principalmente ao longo dos principais rios da bacia amazónica. (Glaser, 2007).

Parece agora claro que os antigos habitantes da Amazónia criaram a terra preta e utilizaram-na para melhorar o solo. A datação por radiocarbono revela que as pessoas começaram a colocar o material há pelo menos 8.000 anos e continuaram a criar mais até a chegada dos europeus. Durante milhares de anos, a terra preta resistiu à erosão e permaneceu carregada de carbono negro e rico. Esta descoberta levou a uma ideia profunda. Lehmann e os seus colegas começaram a pensar se poderiam criar uma terra preta dos tempos modernos, sob a forma de biochar, para resolver alguns problemas do século XXI.

Graças a Lehmann e aos seus colegas defensores do biocarvão, a terra preta passou de obscuras manchas de terra da Amazónia a tema de alguns dos maiores debates nos círculos da política climática. O Departamento de Agricultura dos Estados Unidos e outras agências de financiamento estão a investir milhões de dólares na investigação do biocarvão. Estão a surgir empresas privadas, na esperança de ganhar dinheiro no mercado de créditos de carbono produzindo biochar à escala industrial. Os investigadores adaptaram esta ideia e estão a testar a adição de biochar aos solos para remover gases com efeito de estufa da atmosfera, enriquecer o solo e aumentar a sua fertilidade. Em condições de produção controladas, a pirólise ou gaseificação da biomassa resulta na produção de biochar, de um gás de síntese (gás de síntese), de bio-óleo e de calor. A matéria-prima de carbono é convertida quase inteiramente nestes quatro produtos e uma mistura de resultados pode ser variada, dependendo da tecnologia escolhida e do processo utilizado. Teoricamente, a produção de biochar pode atingir quase 50% da matéria-prima utilizada, sendo a restante matéria-prima convertida nos outros 3 produtos.

Os ensaios com biochar estão ainda a dar os primeiros passos, mas os primeiros resultados são encorajadores. Será importante estabelecer programas-piloto que avaliem os benefícios e os potenciais impactos sociais e ambientais da utilização do biochar. Os países com grandes áreas de terrenos degradados ou com grandes reservas de biomassa residual poderiam ser selecionados para os primeiros projectos-piloto.

REVISÃO DA LITERATURA

A queima convencional de biomassa em pequenas aplicações é muito limitada devido à fraca eficiência dos dispositivos de conversão. A pirólise é a principal técnica de utilização da biomassa. Após a pirólise, obtém-se um líquido que contém ácidos orgânicos e óleos, denominado alcatrão. O carvão vegetal não emite gases tóxicos nem partículas. Consequentemente, os custos de saúde são reduzidos e o estado de saúde melhora, o que também se reflecte no índice de desenvolvimento humano. O carvão vegetal tem um bom potencial como combustível sólido e pode eventualmente ser utilizado em vez de outros combustíveis sólidos convencionais, como o carvão e a madeira. (Natarajan e Rao, 1998).

Os fumos dos fogos de cozinha em recintos fechados são responsáveis por mais de 2 milhões de mortes todos os anos no mundo em desenvolvimento. Mas basta transformar os resíduos agrícolas num combustível de queima mais limpa para que essa terrível estatística se torne uma coisa do passado. A principal vantagem do carvão vegetal é o facto de poder ser utilizado como combustível doméstico limpo para cozinhar e para outras necessidades de aquecimento em casas num ambiente fechado (Ghosh, 2004).

Toda a matéria orgânica adicionada ao solo melhora significativamente várias funções do solo, nomeadamente a retenção de vários nutrientes que são essenciais para o crescimento das plantas. O que o biochar tem de especial é o facto de ser muito mais eficaz a reter a maioria dos nutrientes e a mantê-los disponíveis para as plantas do que outras matérias orgânicas, como, por exemplo, folhagem, composto ou estrume. Curiosamente, isto também se aplica ao fósforo, que não é de todo retido pela matéria orgânica "normal" do solo (Lehmann, 2007).

A investigação exaustiva e os ensaios de culturas com adições de biochar demonstraram que este produto tem também alguns efeitos benéficos quando adicionado aos solos e pode ser mantido durante anos. A sua estrutura altamente porosa pode atuar como uma "esponja" de libertação lenta de água e de nutrientes úteis para o solo. O biochar pode ser produzido a partir de quase todos os tipos de biomassa seca, incluindo resíduos. Por conseguinte, a produção de biochar pode constituir uma enorme oportunidade para a gestão de recursos do tipo "ciclo fechado", com inúmeros benefícios valiosos.

A estrutura do biochar é maioritariamente amorfa, mas contém alguma estrutura cristalina local de compostos aromáticos altamente conjugados (Downie et al., 2009). As partículas cristalinas têm um diâmetro da ordem dos nanómetros e são compostas por camadas semelhantes a grafite dispostas de forma turbo-estratificada (ou seja, as camadas não estão alinhadas). Os átomos de carbono estão fortemente ligados uns aos outros, o que os torna resistentes ao ataque e à decomposição por microrganismos.

A pirólise é o aquecimento de um material orgânico, como a biomassa, na ausência de oxigénio. Dada a ausência de oxigénio, o material não entra em combustão, mas os compostos químicos (ou seja, celulose, hemicelulose e lenhina) que constituem esse material decompõem-se termicamente em gases combustíveis e carvão vegetal (Bridgwater, 2004).

A maioria destes gases combustíveis pode ser condensada num líquido combustível, chamado óleo de pirólise (bio-óleo), embora existam alguns gases permanentes (CO_2, CO, H_2, hidrocarbonetos leves). Assim, a pirólise da biomassa produz três produtos: um líquido, o bio-óleo, um sólido, o biocarvão, e um gasoso (syngas). O termo biocarvão refere-se simplesmente ao carvão vegetal produzido a partir de qualquer resíduo de biomassa, mas, num contexto mais amplo, o biocarvão é simplesmente carvão vegetal que pode ser utilizado para melhorar a qualidade do solo. O melhor biochar é formado por pirólise a baixa temperatura, idealmente a cerca de 500° C, enquanto a pirólise a temperaturas mais elevadas produz um carvão mais tradicional. Como corretor do solo, o biochar cria uma reserva de carbono recalcitrante no solo que é negativa em termos de carbono, servindo como uma retirada líquida do dióxido de carbono atmosférico armazenado em reservas de carbono do solo altamente recalcitrantes. Os óleos e gases renováveis coproduzidos no processo de pirólise podem ser utilizados como combustível ou matéria-prima para combustível. O biochar é, portanto, promissor pelos seus benefícios para a produtividade do solo e para o clima.

O biochar é um carvão vegetal produzido pelo homem que pode ser produzido a partir de qualquer biomassa residual (por exemplo, resíduos agrícolas, resíduos florestais) através de um processo fechado, neutro em termos de carbono e com pouco ou nenhum oxigénio. A produção e aplicação de biochar converte a biomassa numa forma altamente durável e estável que retira e sequestra o carbono atmosférico (Morgan et. al. 2010).

A pirólise (carbonização) foi proposta como uma das várias tecnologias opcionais para a eliminação e reciclagem de produtos residuais no Japão. Os resíduos vegetais (bagaço de cana-de-açúcar e casca de arroz), os resíduos animais e os resíduos humanos (lamas municipais tratadas) foram pirolisados a temperaturas de 250-800^{0} C em recipientes fechados. Os materiais carbonizados foram avaliados em termos de propriedades físicas específicas (rendimento, área de superfície, densidade) e propriedades químicas específicas (carbono total, azoto total, pH, carbono fixo, teor de cinzas, volatilidade), a fim de comparar as diferenças de propriedades entre os quatro resíduos. Os resultados indicam que o material de origem teve uma influência considerável nas propriedades físicas e químicas dos produtos carbonizados (Shinogi, 2003).

As emendas de carvão vegetal do solo mantêm a fertilidade do solo e transferem carbono da atmosfera para os reservatórios de matéria orgânica do solo (SOM), o que pode melhorar e manter a produtividade de solos férteis altamente intemperizados. A prática agrícola do corte e do carvão vegetal produz carvão vegetal, em vez de o converter em dióxido de carbono através da queima. A prática do corte e do carvão vegetal como alternativa à queima de madeira nos trópicos poderia servir como um sumidouro de carbono significativo e poderia ser um passo importante (Steiner, 2007).

Cientistas que investigavam um solo invulgarmente fértil na bacia amazónica descobriram que o solo foi alterado por antigos processos de fabrico de carvão vegetal. Os indígenas queimavam biomassa húmida (resíduos de culturas e estrume) a baixa temperatura, quase sem oxigénio. O produto era um sólido do tipo carvão vegetal com um teor de carbono muito elevado, chamado Bio Char. Os cientistas reproduziram este processo em ambientes industriais modernos em vários países. O Bio Char parece ser altamente estável no solo. Continuam a ser realizados estudos sobre a viabilidade técnica e económica da técnica, com alguns resultados que indicam que o Bio Char pode fixar o carbono no solo durante 100 ou mesmo 1000 anos (Relatório sobre o Desenvolvimento Mundial, 2010).

Os ensaios com biochar estão ainda a dar os primeiros passos, mas os primeiros resultados são encorajadores. Será importante estabelecer programas-piloto que avaliem os benefícios e os potenciais impactos sociais e ambientais da utilização do biochar. Os países com grandes áreas de terrenos degradados ou com grandes reservas de biomassa residual poderiam ser selecionados para os primeiros projectos-piloto. O biochar pode ser uma resposta interessante para lidar com questões como a alimentação e a energia e, ao mesmo tempo, reduzir as emissões de carbono. (Lal et. al.2009).

O biochar foi adicionado aos solos de campos agrícolas de cultivo de milho. Os resultados mostraram uma duplicação do rendimento de cerca de 3 para cerca de 6 toneladas/ha de grãos de milho. Os resultados sugerem efeitos relacionados com a melhoria da disponibilidade de água, a penetrabilidade do solo ou a dinâmica microbiana (Kimetu et. al, 2008).

O biochar tem uma área de superfície adequada e as dimensões dos poros para proporcionar um refúgio para os fungos micorrízicos arbusculares. Estes fungos formam uma associação simbiótica com as raízes das plantas, alargando efetivamente as raízes e permitindo a absorção de nutrientes adicionais das plantas. Em troca, a planta fornece a energia orgânica de que os fungos necessitam. Além disso, o carbono negro pode aumentar a capacidade de troca catiónica e outras propriedades geoquímicas dos solos. (Katerina et. al .1990).

O carvão ativado tem uma rede muito fina de poros com uma grande superfície interna na qual muitas substâncias podem ser absorvidas. O carvão ativado é frequentemente utilizado na cultura de tecidos para melhorar o crescimento e o desenvolvimento celular. Desempenha um papel fundamental na micropopagação, na cultura de protoplastos, no enraizamento, no alongamento do caule, na formação de bolbos, etc. Os efeitos promotores do carvão ativado na morfogénese podem dever-se principalmente à sua adsorção irreversível de compostos inibitórios no meio de cultura e à diminuição substancial dos metabolitos tóxicos, da exsudação fenólica e da acumulação de exsudados castanhos. Além disso, o carvão ativado está envolvido numa série de actividades estimuladoras e inibidoras, incluindo a libertação de substâncias naturalmente presentes no carvão ativado que promovem o crescimento, a alteração e o escurecimento dos meios de cultura e a adsorção de vitaminas, iões metálicos e reguladores do crescimento das plantas, incluindo o ácido abscísico e o etileno gasoso. O efeito do carvão ativado na absorção de reguladores de crescimento ainda não é claro, mas alguns trabalhadores acreditam que pode libertar gradualmente determinados produtos adsorvidos, como nutrientes e reguladores de crescimento, que ficam disponíveis para as plantas (Thomas, 2008).

O carbono negro derivado da biomassa, o carvão vegetal ou "biochar", como é atualmente designado, pode ser utilizado como corretor do solo para melhorar a retenção e a disponibilidade de nutrientes e, por conseguinte, aumentar o rendimento das culturas. Esta utilização do biochar constitui um avanço significativo em relação à gestão convencional da matéria orgânica, uma vez que o biochar é mais estável no solo e tem maior capacidade de retenção de nutrientes. Em combinação com a produção sustentável de biomassa, esse sequestro de biochar pode ser negativo em termos de carbono e, por conseguinte, ser utilizado para remover ativamente o dióxido de carbono da atmosfera, com um significado óbvio para a atenuação das alterações climáticas. A produção de biochar pode também ser combinada com a produção de bioenergia através da utilização dos gases libertados no processo de pirólise. (Lehmann et. al. 2009).

O biochar tem um interesse crescente devido às preocupações com as alterações climáticas causadas pelas emissões de dióxido de carbono (CO_2) e outros gases com efeito de estufa (GEE). A captura de dióxido de carbono também retém grandes quantidades de oxigénio e requer energia para a sua injeção (como acontece com a captura e armazenamento de carbono), ao passo que o processo do biochar interrompe o ciclo do dióxido de carbono, libertando assim oxigénio, como aconteceu com a formação do carvão há centenas de milhões de

anos. Desta forma, a atmosfera seria reequilibrada mais rapidamente. (Miller et.al. 2009).
O biochar é carvão vegetal de grão fino utilizado como suplemento do solo. O fabrico de carvão vegetal é uma tecnologia antiga. Descobertas recentes sugerem que pode ter um papel surpreendente a desempenhar no combate ao aquecimento global. Isto deve-se ao facto de a criação e o enterramento do biochar removerem o dióxido de carbono da atmosfera. Além disso, a adição de biochar ao solo pode aumentar o rendimento das culturas alimentares e a capacidade do solo para reter a humidade, reduzindo a necessidade de fertilizantes sintéticos e a procura de escassos recursos de água doce (Bruges, 2010).
A aplicação de biochar no solo pode melhorar a fertilidade do solo. Existem vários mecanismos através dos quais a aplicação de biocarvão pode melhorar a qualidade do solo: (1) aumento da capacidade de troca catiónica do solo, (2) diminuição das perdas de nutrientes por lixiviação, escoamento superficial e volatilização, (3) aumento da atividade microbiana do solo que acentua a resiliência do solo, (4) aumento da estrutura do solo e da capacidade de retenção de água, (5) aumento do efeito de tampão contra a acidificação do solo, (6) redução da emissão de CH4 e N2O (Fowles, 2007).
O óxido nitroso é um potente gás com efeito de estufa e um precursor de compostos que contribuem para a destruição do ozono. O biochar é potencialmente uma opção de atenuação para reduzir as elevadas emissões mundiais de dióxido de carbono, uma vez que o carbono incorporado pode ser sequestrado no solo. O biochar tem também o potencial de alterar de forma benéfica as transformações do azoto no solo. Testes laboratoriais indicaram que a adição de biocarvão ao solo pode ser utilizada para suprimir o óxido nitroso proveniente da pecuária. Biochar tem sido usado para o sequestro de carbono do solo da mesma maneira (Science Daily, 28 de março de 2011).
Num estudo financiado pela Fundação para a Investigação Científica e Tecnológica, cientistas da Universidade de Lincoln, na Nova Zelândia, realizaram uma experiência durante um período de 86 dias de primavera/verão para determinar o efeito da incorporação de biochar no solo sobre as emissões de óxido nitroso das manchas de urina produzidas pelo gado. O biochar foi adicionado ao solo durante a renovação da pastagem e foram recolhidas amostras de gás em 33 ocasiões diferentes (Arezoo et. al, 2011).
O biochar foi adicionado aos solos de campos agrícolas de cultivo de milho. Os resultados mostraram uma duplicação do rendimento de cerca de 3 para cerca de 6 toneladas/ha de grãos de milho. Os resultados sugerem efeitos relacionados com a melhoria da disponibilidade de água, a penetrabilidade do solo ou a dinâmica microbiana (Kimetu et. al, 2008).
O carvão ativado acidificou uma solução aquosa de sacarose (5%) e meios de cultura em cerca de 1 a 2 unidades (sacarose ou frutose) após autoclavagem. A hidrólise da sacarose em meios de cultura de tecidos e/ou soluções aquosas de sacarose (5%) contendo carvão ativado (tamponado a pH 5,8) dependeu tanto da concentração de iões de hidrogénio (pH) como da autoclavagem. Os meios líquidos de Murashige e Skoog (MS) e Gamborg B5 (B5) na presença de 1% de carvão ativado, adicionado antes da autoclavagem, provoca a redução da hidrólise da sacarose em cerca de 70%. Na ausência de carvão ativado, a autoclavagem resultou na hidrólise de cerca de 20% da sacarose. (Panet. al, 2002)
Foi demonstrado que a incorporação de carvão ativado em meios de cultura afecta o crescimento e o desenvolvimento de vários organismos. Uma vez que o carvão ativado estimula o desenvolvimento de

plântulas haplóides de tabaco a partir de anteras cultivadas, foi realizada uma investigação para determinar o efeito do carvão ativado no crescimento de calos derivados da medula e no desenvolvimento de rebentos em *Nicotiana tabacum cv. Wisconsin* 38. Os resultados indicam que as hormonas necessárias para o crescimento de calos e o desenvolvimento de rebentos no tabaco Wisconsin-38 são absorvidas pelo carvão ativado, inibindo assim o crescimento de calos e proibindo o desenvolvimento de rebentos. (Constantin et. al, 1993)

Com esta informação de base, o presente trabalho está a ser realizado para estudar o efeito do biochar no crescimento das plantas e para estudar alguns parâmetros fisiológicos e bioquímicos. O sabugo de milho é tomado como biomassa que é sujeita a pirólise e o biochar obtido é utilizado como emenda do solo e também como nutriente aditivo para meios basais.

MATERIAIS

Milho (*Zea mays* L.), conhecido como milho, é a cultura mais importante do mundo, a seguir ao trigo e ao arroz. Durante a última década, continuou a ser a principal cultura em termos de produção e de área de terra em que é produzido. Sendo uma planta C4, o milho é uma cultura consideravelmente mais eficiente em termos hídricos do que as plantas C3, como o trigo, o arroz, alfafa e soja.

As espigas são femininas inflorescências femininas, cobertas por várias camadas de folhas e tão fechadas por estas ao caule que não se mostram facilmente até ao aparecimento das sedas amarelo-pálido do verticilo de folhas na extremidade da espiga. As sedas são estigmas alongados que se assemelham a tufos de cabelo, inicialmente verdes e mais tarde vermelhos ou amarelos. As espigas jovens podem ser consumidas cruas, com o espiga mas, à medida que a planta amadurece (geralmente durante os meses de verão), a espiga torna-se mais dura e a seda seca até se tornar intragável. No final da estação de crescimento, os grãos secam e tornam-se difíceis de mastigar sem serem cozinhados.

Uma espiga de milho é o núcleo central de uma espiga de milho (*Zea mays* sp.). É a parte da espiga em que crescem os grãos de milho. A espiga de milho só fica exposta quando os grãos são retirados à volta da espiga. As espigas jovens, também designadas por baby corn, podem ser consumidas cruas, mas à medida que a planta amadurece a espiga torna-se mais dura até que apenas os grãos são comestíveis.

Aquando da colheita do milho, a espiga de milho pode ser recolhida como parte da espiga ou pode ser deixada no campo como parte do restolho do milho. Como principal subproduto, a espiga de milho foi gerada em abundância (cerca de 820% dos resíduos de milho), com uma produção anual de mais de 10 milhões de toneladas métricas só em Bengala Ocidental. A maior parte é arbitrariamente despejada nos campos, depositada em aterros sanitários e reutilizada como combustível para cozinhar em casa.

IMPORTÂNCIA DO MILHO

- As pipocas são grãos de certas variedades que explodem quando aquecidos, formando pedaços fofos que são consumidos como petisco.
- A chicha e a "chicha morada" são bebidas feitas geralmente a partir de tipos específicos de milho.
- Os flocos de milho são um cereal de pequeno-almoço comum em todo o mundo.
- O milho é uma das principais fontes de amido. O amido de milho (farinha de milho) é um ingrediente importante na cozinha caseira e em muitos produtos alimentares industrializados.
- O milho é também uma importante fonte de óleo alimentar (óleo de milho)
- Nos Estados Unidos e no Canadá, o milho também é amplamente cultivado para alimentar o gado, como forragem, silagem (feita por fermentação de caules de milho verde picados) ou grão.
- O amido de milho também pode ser transformado em plásticos, tecidos, adesivos e muitos outros produtos químicos.
- Os estigmas das flores femininas de milho, conhecidos popularmente como seda de milho, são utilizados como suplementos de ervas.
- O milho é amplamente utilizado na Alemanha como matéria-prima para as unidades de biogás. Aqui, o milho é colhido, triturado e depois colocado em pinças de silagem, a partir das quais é introduzido nas unidades de biogás.

- As espigas de milho são uma fonte importante de furfural, um aldeído aromático utilizado numa grande variedade de processos industriais. Embora com pouco valor nutritivo, as espigas de milho podem ser utilizadas como fibra na forragem de ruminantes.
- Durante muitos anos, os resíduos agrícolas do sabugo de milho são utilizados para a preparação de Biochar (carvão vegetal de biomassa)
- As espigas de milho são também utilizadas como fonte de combustível de biomassa.

São utilizadas muitas formas de milho para fins alimentares, por vezes classificadas como várias subespécies

Milho para farinha - *Zea mays var. amylacea*

Milho pipoca - *Zea mays var. everta*

Milho dentado - *Zea mays var. indentata*

Milho-vermelho - *Zea mays var. indurata*

Milho doce - *Zea mays var. saccharata* e *Zea mays var. rugosa*

Milho ceroso - *Zea mays var. ceratina*

Um campo cultivado de calos em crescimento

Calos jovens **Calos maduros**

EXPERIÊNCIAS E RESULTADOS

As experiências são efectuadas nas seguintes partes:

PARTE-1

Pirólise das matérias-primas recolhidas (sabugo de milho seco)

Dados recolhidos em termos de:

A. Peso e volume do óleo pirolítico (alcatrão)
B. Peso do carvão vegetal
C. Teor de humidade das matérias-primas da maçaroca de milho

PARTE-2

Análise aproximada do sabugo de milho

Dados recolhidos em termos de:

A. Determinação da percentagem de humidade
B. Determinação da percentagem de matéria volátil
C. Determinação da percentagem do teor de cinzas
D. Determinação da percentagem de carbono fixo

PARTE-3

Estudo dos parâmetros morfofisiológicos de mudas tratadas com carvão de sabugo de milho (carvão de sabugo de milho obtido após pirólise) cultivadas em solo.

Os dados foram recolhidos em dois intervalos de 7 dias e 15 dias em termos de:

A. Percentagem de germinação

B. Peso fresco e peso seco

C. Estudo morfológico

I. Duração do disparo

II. Comprimento da raiz

III. Comprimento da folha

IV. Radículas Não

Estudo dos parâmetros bioquímicos de plântulas tratadas com carvão de sabugo de milho (carvão de sabugo de milho obtido após pirólise) cultivadas em solo.

Os dados foram recolhidos em termos de:

A. Estimativa das proteínas totais

B. Estimativa do açúcar total

C. Estimativa do ADN total

D. Estimativa da clorofila total

PARTE-5

Estudo dos parâmetros morfo-fisiológicos de mudas tratadas com Biochar (carvão de sabugo de milho obtido após pirólise) cultivadas em meio basal.

Os dados foram recolhidos em dois intervalos de 7 dias e 15 dias em termos de:

A. Percentagem de germinação

B. Peso fresco e peso seco

C. Estudo morfológico

I. Duração do disparo

II. Comprimento da raiz

III. Comprimento da folha

IV. Radículas Não

PARTE-6

Estudo dos parâmetros bioquímicos de plântulas tratadas com Biochar (carvão de sabugo de milho obtido após pirólise) cultivadas em meio basal.

Os dados foram recolhidos em termos de:

A. Estimativa das proteínas totais

B. Estimativa do açúcar total

C. Estimativa do ADN total

D. Estimativa da clorofila total

PIRÓLISE DAS MATÉRIAS-PRIMAS

A pirólise é uma tecnologia de conversão termoquímica utilizada para produzir energia a partir da biomassa. A palavra pirólise foi cunhada a partir dos elementos derivados do grego "pyro", que significa fogo, e "lysis", que significa decomposição. Este processo envolve o aquecimento de materiais orgânicos na ausência de reagentes, especialmente oxigénio, para conseguir a decomposição. A fase final da pirólise deixa apenas carbono como resíduo e é chamada de carbonização.

A pirólise da biomassa é uma tecnologia energética muito antiga que está a tornar-se novamente interessante entre os vários sistemas de utilização da biomassa para a geração de produtos energéticos. A pirólise da biomassa gera três produtos energéticos diferentes: alcatrão (óleo de pirólise), carvão vegetal (carvão vegetal) e fracções gasosas (gases combustíveis) em diferentes quantidades.

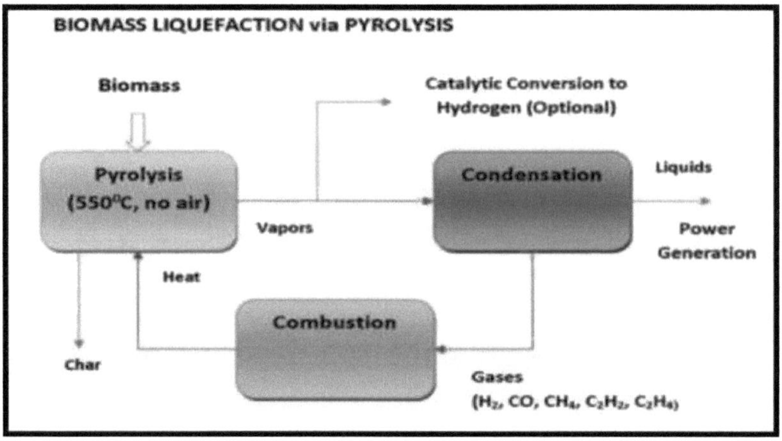

Por conveniência, existem duas abordagens para a tecnologia de conversão. Uma, designada por pirólise convencional ou tradicional, visa maximizar o rendimento do gás combustível nas condições preferenciais de alta temperatura, baixa taxa de aquecimento e longo tempo de permanência do gás. Outra, denominada pirólise rápida ou flash, visa maximizar o rendimento de produtos líquidos nas condições de processamento.

Vantagens da pirólise

a) Melhorar a textura e a ecologia do solo

A pirólise é geralmente uma tecnologia simples e de baixo custo capaz de processar uma grande variedade de matérias-primas produzindo gases, bio-óleo e carvão vegetal. O carvão vegetal é incorporado no solo para promover a sua fertilidade e os níveis de matéria orgânica do solo. Os poros finos presentes no carvão vegetal proporcionam uma superfície de poros muito maior, denominada carvão ativado, que é utilizado como adsorvente para uma vasta gama de substâncias químicas. Além disso, o Bio-char melhora a textura e a ecologia do solo, aumentando a sua capacidade de reter fertilizantes e libertá-los lentamente. Contém naturalmente muitos dos micronutrientes necessários às plantas, como o selénio. É também mais seguro do que outros fertilizantes naturais, tais como estrume ou esgotos, uma vez que foi desinfectado a alta temperatura e, uma vez que liberta os seus nutrientes a um ritmo lento, reduz grandemente o risco de contaminação do lençol freático.

b) Assar, cozer, tostar, grelhar alimentos

A pirólise ocorre sempre que os alimentos são expostos a temperaturas suficientemente elevadas num ambiente seco, como assar, cozer, tostar, grelhar, etc. É o processo químico responsável pela formação da crosta castanha-dourada nos alimentos preparados por estes métodos. A pirólise controlada de açúcares a partir de 170 graus Celsius produz o caramelo, um produto castanho solúvel em água, muito utilizado em confeitaria e outros produtos alimentares industrializados.

c) Melhoria da produção de cevada, chá, café e frutos secos torrados

A pirólise também desempenha um papel essencial na produção de cevada, chá, café e frutos secos torrados, como amendoins e amêndoas. Como estes consistem maioritariamente em materiais secos, o processo de pirólise não se limita às camadas mais externas, mas estende-se através dos materiais. Em todos estes casos, a pirólise cria ou liberta muitas das substâncias que contribuem para o sabor e a cor dos produtos finais.

Pirólise das matérias-primas

As espigas e os restos de milho que sobram nos campos são normalmente recolhidos pela população rural pobre e são utilizados como combustível depois de secos ao sol. Para fins experimentais, foram comprados calos frescos e saudáveis no mercado local. Após a remoção dos grãos, a parte central, ou seja, a espiga de milho, é retirada. As impurezas (palha) são removidas lavando as espigas com água destilada. As espigas são secas ao ar para remover o teor de humidade e são cortadas em pequenos pedaços com uma faca e secas ao sol.

As matérias-primas secas ao sol foram finalmente secas num forno de ar quente antes da pirólise. Inicialmente, foi retirado o peso seco do sabugo de milho e este foi introduzido cuidadosamente na câmara de pirólise. A temperatura foi mantida entre 400-500 graus Celsius durante cerca de uma hora e meia. Em seguida, a câmara foi desligada. Obteve-se óleo pirolítico (alcatrão) e carvão vegetal (bio-carvão) quando a temperatura desceu ao normal.

Após arrefecimento, anotou-se o peso do óleo pirolítico (alcatrão), o peso do carvão vegetal, a perda de peso por pirólise (teor de humidade) e o volume do alcatrão obtido após a pirólise.

O biocarvão seco e em pó foi armazenado num exsicador até à sua utilização.

Cortar o milho da espiga

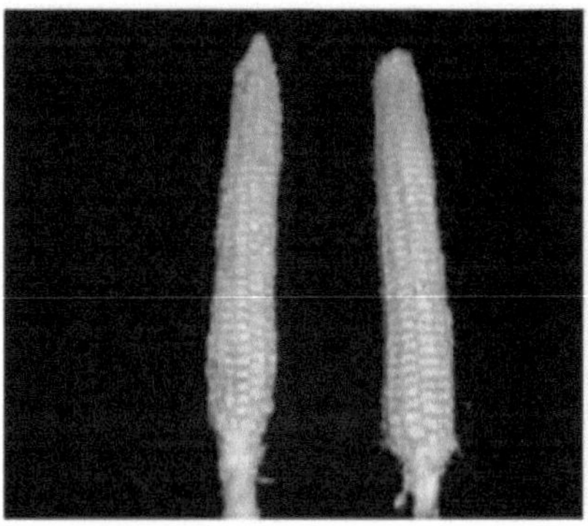

Espiga de milho (núcleo central de uma espiga de milho) Secagem de pedaços de espigas de milho

A câmara pirolítica

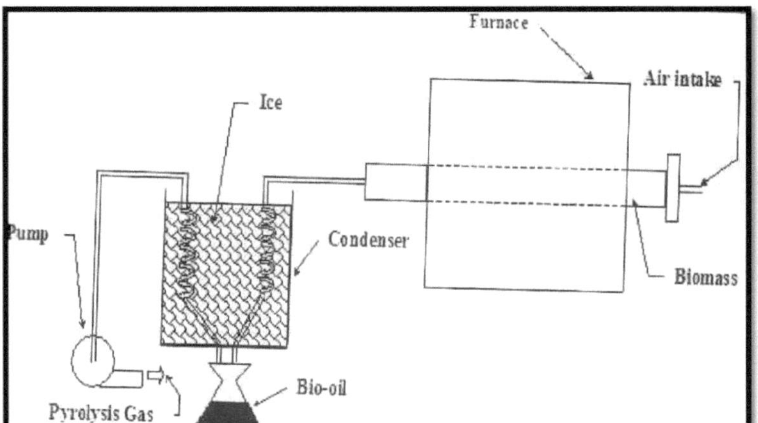

Diagrama esquemático da câmara pirolítica

Carvão vegetal, obtido após pirólise do sabugo de milho

Alcatrão (bio-óleo) obtido após pirólise de carolo de milho

RESULTADO

Materiais estudados	Peso seco (tomado para pirólise) g()	Vol. do alcatrão (ml)	Peso de o alcatrão (g)	Peso de Carvão vegetal (g)	Teor de humidade(g)
Espiga de milho	150.40	68	73.05	20.04	130.00

ANÁLISE DE PROXIMIDADE DA MAÇAROCA DE MILHO

A análise proximal é um método laboratorial comum e efectuado para a caraterização de combustíveis de biomassa. Para este estudo, os materiais foram separados de impurezas físicas, cortados em pequenos pedaços e secos artificialmente. As variáveis estudadas incluíram o teor de humidade, a matéria volátil, o teor de cinzas e o carbono residual. A análise é feita através do aquecimento da amostra numa mufla a uma temperatura específica. Os dados recolhidos podem variar em função do procedimento adotado, pelo que se designa por análise de proximidade.

Determinação da percentagem de humidade

O teor de humidade dos materiais acima referidos é determinado em laboratório. Coloca-se uma quantidade conhecida da amostra num cadinho e aquece-se a cerca de 105^0 C numa mufla. O processo é continuado até que o peso da amostra se torne constante. A perda de peso da amostra é indicada como humidade em percentagem.

$$\% \text{ de humidade} = \frac{\text{Perda de peso na amostra}}{\text{Peso da amostra colhida}} \times 100$$

Determinação da percentagem de matéria volátil

A matéria volátil é a perda em peso da humidade da amostra quando aquecida num cadinho numa mufla a cerca de 500^0 C durante uma hora.

$$\% \text{ de cinzas} = \frac{\text{Peso de cinzas formadas}}{\text{Peso da biomassa seca colhida}} \times 100$$

Determinação da percentagem de carbono fixo

Após a determinação da humidade, da matéria volátil e do teor de cinzas, o material restante é conhecido como carbono fixo. Quanto maior a percentagem de carbono fixo, maior o poder calorífico, menor a percentagem de matéria volátil e melhor a qualidade do combustível. É determinada pela fórmula seguinte:

$$\% \text{ de carbono} = 100 - \% \text{ de (humidade + matéria volátil + cinzas)}$$

RESULTADO DA ANÁLISE PROXIMAL DO SABUGO DE MILHO

CoBStitueuts	% em peso
Humidade	3.33
Matéria volátil	6.66
Asli	1.30
Matéria fixa Carbono	88.71
Total	IOO

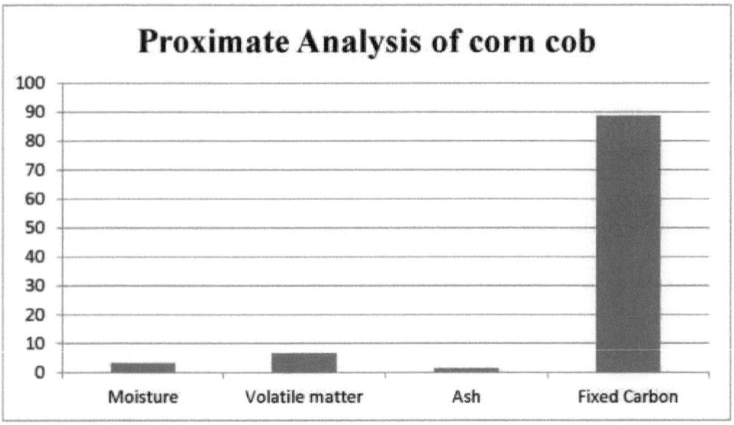

ESTUDO DOS PARÂMETROS FISIOLÓGICOS DE MUDAS TRATADAS COM BIOCHAR (CARVÃO VEGETAL DE SABUGO DE MILHO OBTIDO APÓS PIRÓLISE) CULTIVADAS EM SOLO

Sementes de *Brassica sp.* e *Trigonella sp* foram selecionadas como material vegetal para estudar algumas alterações morfológicas e fisiológicas induzidas pela aplicação de 1% de carvão vegetal no solo (w/w).

Para investigar o impacto do biocarvão nas plântulas de plantas superiores, as sementes de mostarda (*Brassica nigra* L. Koch) e de metilo (*Trigonella sp.* L. Wilczek) foram colhidas num viveiro local e lavadas cuidadosamente em água. As sementes foram esterilizadas à superfície com uma solução de $HgCl_2$ a 0,5% (p/v) durante um minuto e depois lavadas cuidadosamente com água destilada durante 5 a 6 vezes. As sementes foram embebidas em água destilada durante cerca de 2-3 horas.

PREPARAÇÃO DO SOLO

Foram pesados 100 g de solo de jardim e, em seguida, 1 g de carvão seco (1% de peso seco), obtido após pirólise do material vegetal, foi misturado cuidadosamente com este solo.

Foram mantidos conjuntos de controlo (sem adição de biochar) que serviram de controlo. Foram mantidas duas réplicas de cada conjunto. Foram colocadas 20 sementes de cada tipo (*Brassica sp. e Trigonella sp.*) em cada vaso contendo solo (com ou sem adição de biocarvão) e os vasos foram colocados em condições normais. A água é vertida num intervalo regular até as sementes mostrarem a emergência da radícula. Os dados foram registados após 3 dias para estudar a percentagem de germinação das sementes e em 2 fases de desenvolvimento de plântulas com 7 e 15 dias de idade.

ESTUDO DAS ACTIVIDADES MORFO-FISIOLÓGICAS DO BIOCHAR

A. Estudo da percentagem de germinação de sementes utilizando biocarvão no solo

Após 3 dias de sementeira, o número de sementes germinadas em cada tipo de vaso (*Brassica sp.* e *Trigonella sp.*) é contado nos conjuntos de controlo e tratados com biocarvão.

A experiência é repetida três vezes para obter a percentagem de germinação das sementes nos respectivos conjuntos.

B. Estudo do crescimento de plântulas utilizando biocarvão no solo

O crescimento das plântulas foi medido em dois estágios de desenvolvimento, com 7 e 15 dias de idade. O comprimento das plântulas foi medido com o auxílio de uma escala centimétrica após o desenraizamento do vaso.

Os dados para medição foram retirados de dez plântulas diferentes selecionadas aleatoriamente do mesmo conjunto de experiências. Foram registados os dados de crescimento em termos de comprimento de rebentos, raízes e folhas. O número de radículas também foi registado.

C. Estudo do peso fresco e seco de toda a plântula utilizando biochar no solo

O peso fresco das plântulas de 7 e 15 dias de idade foi medido após o desenraizamento das plantas numa balança digital. Os pesos secos correspondentes dessas plântulas foram medidos depois de as secar durante 3 dias numa incubadora.

Os dados foram recolhidos de 10 plântulas diferentes de cada vez e foram selecionados aleatoriamente de cada conjunto.

RESULTADOS

A. Percentagem de germinação das sementes

Planta material	Conjuntos	N.º de sementes semeado	N.º de sementes germinadas	% de sementes germinadas
Brassica sp.	Controlo (sem carvão)	15	12	80.0
	Experimental (com 1%char)	15	13	86.0
Trigonella sp.	Controlo (sem carvão)	15	10	66.6
	Experimental (com 1%char)	15	12	80

(Os dados registados mostram a média de três conjuntos para a mesma experiência)

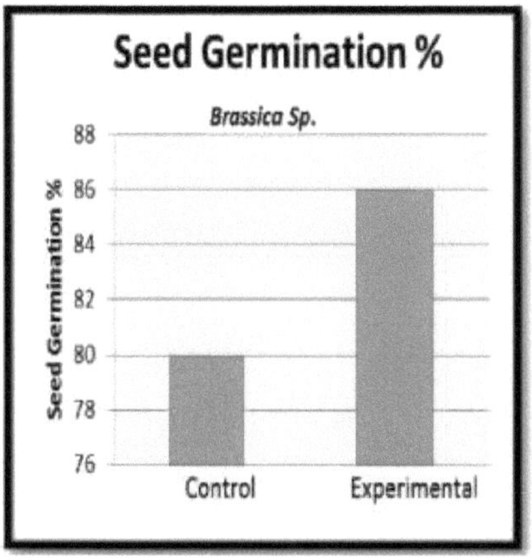

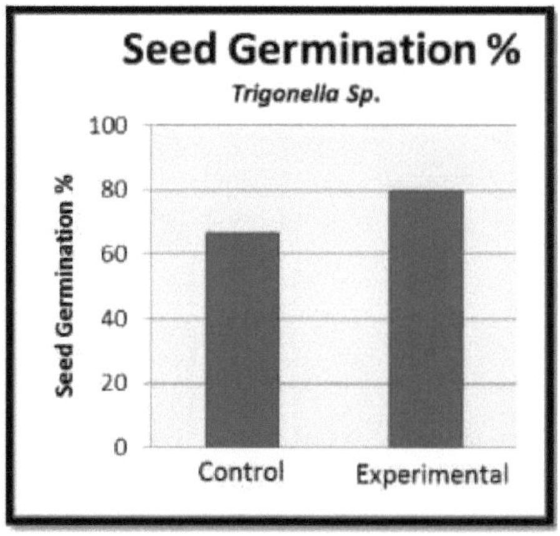

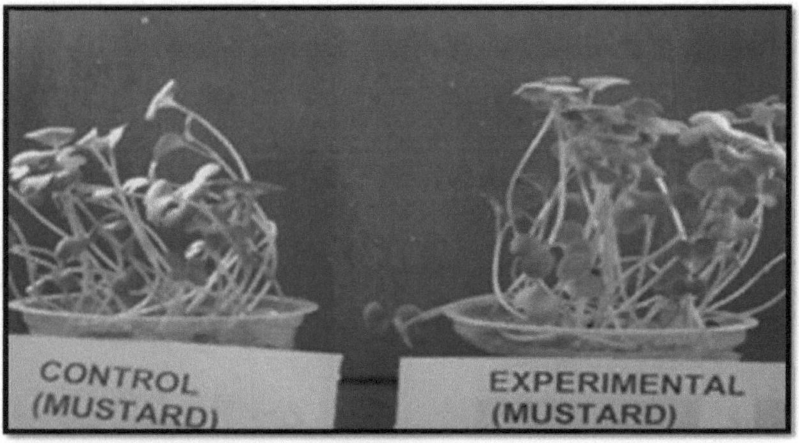

<u>**Plântulas de mostarda (*Brassica sp*) com 15 dias de idade**</u>
Esquerda: Controlo (sem aplicação de biocarvão)
Direita: Experimental (com aplicação de 1% de biocarvão no solo)

<u>**Plântulas de 15 dias de idade de Methi (*Trigonella sp*)**</u>
Esquerda: Controlo (sem aplicação de biocarvão)
Direita: Experimental (com aplicação de 1% de biocarvão no solo)

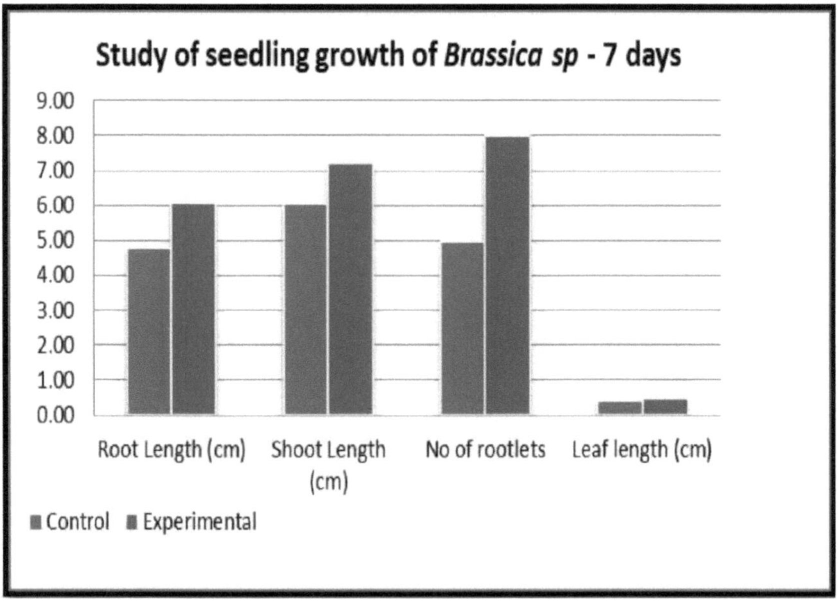
Study of seedling growth of *Brassica sp* - 7 days
9.00
8.00
7.00
6.00
5.00
4.00
3.00
2.00
1.00
0.00
Root Length (cm)
Shoot Length (cm)
No of rootlets
Leaf length (cm)
Control
Experimental

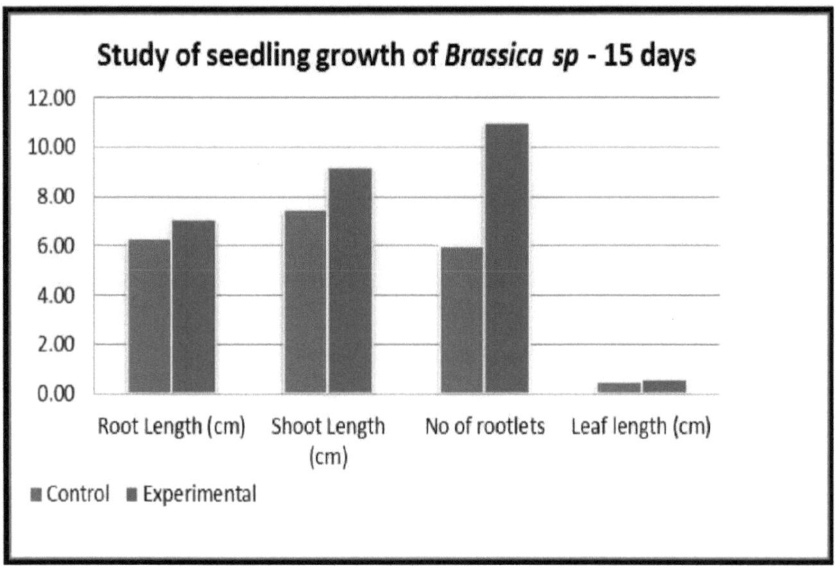
Study of seedling growth of *Brassica sp* - 15 days
12.00
10.00
8.00
6.00
4.00
2.00
0.00
Root Length (cm)
Shoot Length (cm)
No of rootlets
Leaf length (cm)
Control
Experimental

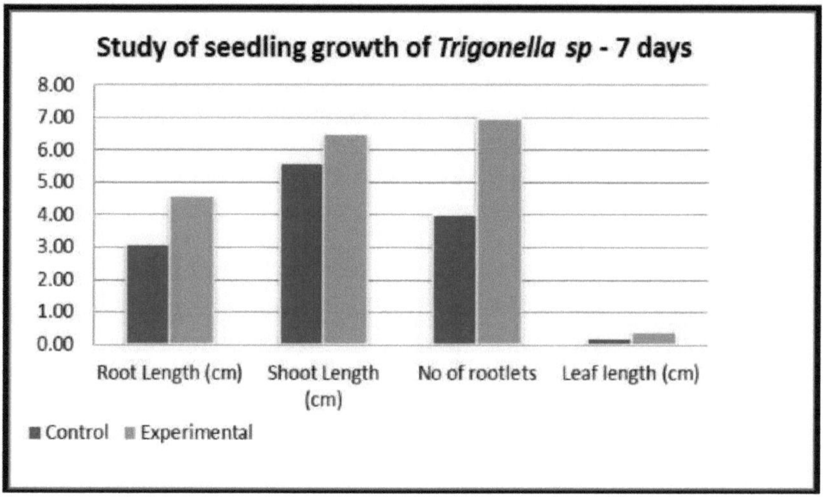
Study of seedling growth of *Trigonella sp* - 7 days
8.00
7.00
6.00
5.00
4.00
3.00
2.00
1.00
0.00
Root Length (cm)
Shoot Length (cm)
No of rootlets
Leaf length (cm)
Control
Experimental

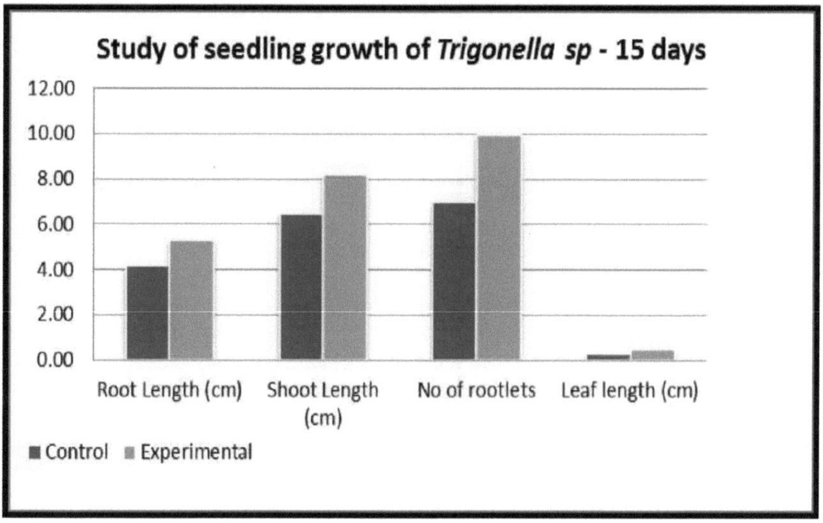
Study of seedling growth of *Trigonella sp* - 15 days
12.00
10.00
8.00
6.00
4.00
2.00
0.00
Root Length (cm)
Shoot Length (cm)
No of rootlets
Leaf length (cm)
Control
Experimental

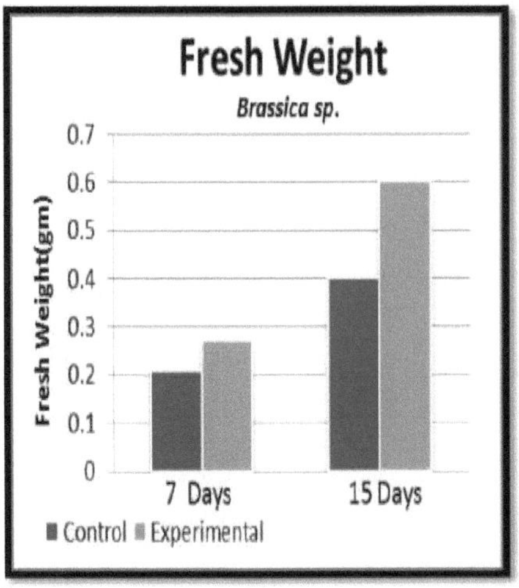
Fresh Weight
Brassica sp.
Fresh Weight(gm)
0.7
0.6
0.5
0.4
0.3
0.2
0.1
0
7 Days
15 Days
Control
Experimental

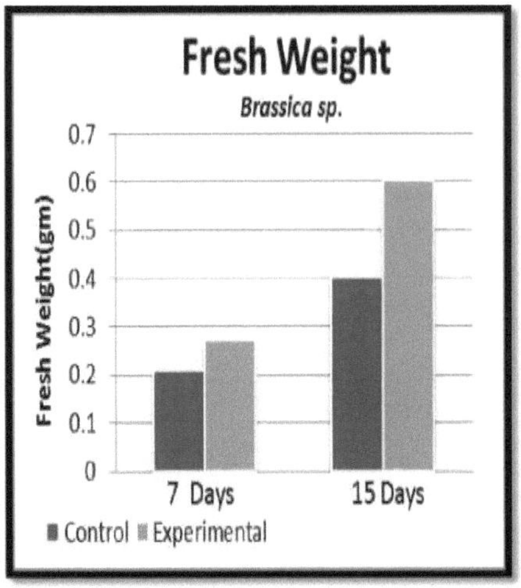
Fresh Weight
Brassica sp.
Fresh Weight(gm)
0.7
0.6
0.5
0.4
0.3
0.2
0.1
0
7 Days
15 Days
Control
Experimental

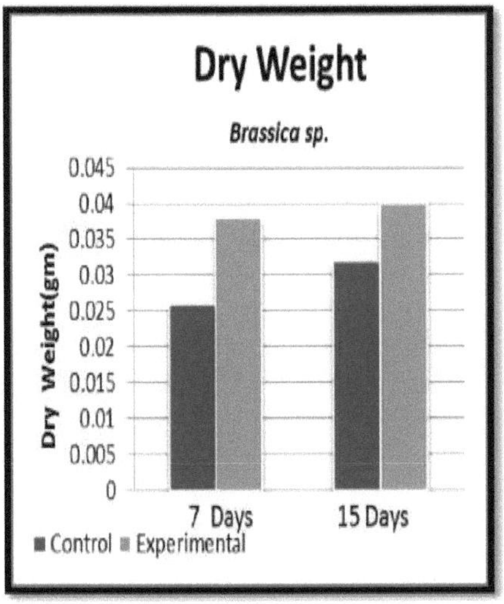
Dry Weight
Brassica sp.
Dry Weight(gm)
0.045
0.04
0.035
0.03
0.025
0.02
0.015
0.01
0.005
0
7 Days
15 Days
Control
Experimental

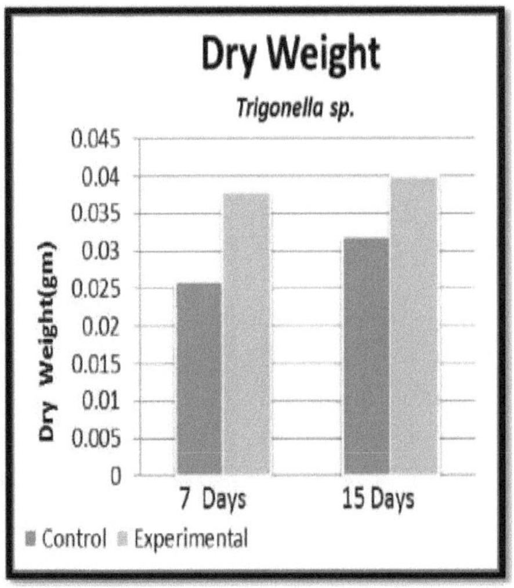
Dry Weight
Trigonella sp.
Dry Weight(gm)
0.045
0.04
0.035
0.03
0.025
0.02
0.015
0.01
0.005
0
7 Days
15 Days
Control
Experimental

Conclusão da Parte 3

O crescimento das plântulas aumentou progressivamente com o avanço da maturidade em ambos os conjuntos de controlo e tratados com bio-char. Após 7 dias de crescimento, a aplicação de 1% de biocarvão aumentou a altura das plântulas em cerca de 19,3% em relação ao controlo em *Brassica sp* e em cerca de 16% em relação ao controlo em *Trigonella* sp. Após 15 dias, o mesmo aumentou cerca de 22,66% em relação ao controlo em *Brassica sp* e em cerca de 26,15% em relação ao controlo em *Trigonella* sp.15% em relação ao controlo em *Trigonella* sp. Juntamente com o aumento do comprimento do rebento, a aplicação de biochar também aumenta o comprimento da raiz, o comprimento da folha, o número de radículas tanto em Brassica sp. como em *Trigonella* sp. e são respetivamente 27,08%, 25% e 60% em relação ao controlo no caso de Brassica sp, após 7 dias de crescimento. No caso de *Trigonella* sp., o aumento é de 48,38%, 50% e 60%, respetivamente.

O comprimento do rebento, o comprimento da raiz, o comprimento da folha e o número de radículas aumentaram em relação ao controlo após 15 dias no caso da Brassica sp. são 22,66%, 12,69%, 20% e 83,33%, respetivamente, e no caso da Trigonella sp são 26,15%, 26,19%, 66,66% e 42,85%, respetivamente.

Juntamente com o aumento do crescimento, o bio-char também resultou num aumento do peso fresco e seco de ambas as plântulas. Em *Brassica sp*, após 7 dias, o peso fresco aumentou 28,57% e o peso seco 30,76% em relação ao controlo. Em *Trigonella sp*., após 7 dias de crescimento, o peso fresco aumentou 13,5% e o peso seco 50% em relação ao controlo. Após 15 dias, verificou-se um aumento do peso fresco de 50% e do peso seco de 29,16% em relação ao controlo. Em *Trigonella sp*., após 7 dias de crescimento, o peso fresco aumentou 45,23% e o peso seco 34,61% em relação ao controlo.

O aumento do peso seco das plântulas tratadas em relação ao controlo indica uma maior produção de produtos fotossintéticos nas plântulas tratadas com biochar em relação às do controlo.

PARTE-4
ESTUDO DE ALGUNS PARÂMETROS BIOQUÍMICOS DE MUDAS TRATADAS COM BIOCHAR (CARVÃO VEGETAL DE SABUGO DE MILHO OBTIDO APÓS PIRÓLISE) CULTIVADAS EM SOLO

Os parâmetros bioquímicos foram estudados em termos de estimativa do teor de proteínas totais, açúcar total, clorofila total e ADN total nas plântulas de *Brassica* & *Trigonella* nas duas fases de desenvolvimento.

a. ESTIMATIVA DAS PROTEÍNAS TOTAIS

A estimativa das proteínas solúveis totais do tampão foi efectuada de acordo com o método de Lowry (1951).

Produtos químicos preparados

Solução-mãe de BSA - (100ug/ml) em NaOH 0,1(N)

Lowry A - 2% de Na_2CO_3 anidro em 100 ml de NaOH 0,1(N)

Lowry B- 1% $CuSO_4,5H_2O$

Lowry C- 2% Tartarato de sódio e potássio

Reagente Lowry - Lowry A, B, C são misturados na proporção de 98:1:1 (v: v: v) antes da utilização.

Reagente de Folin Ciacalteau - (meio diluído com água destilada antes da utilização).

Tampão fosfato (0,1M), pH 6,8.

Preparação da curva padrão

1) Foram colocados 0,5 ml, 1 ml, 1,5 ml, 2 ml e 2,5 ml de soluções padrão de proteínas num tubo de ensaio e foram preparadas duas réplicas de cada concentração.

2) O volume da mistura foi aumentado para 3 ml, adicionando 2,5 ml, 2 ml, 1,5 ml, 1 ml e 0,5 ml de água destilada, respetivamente.

3) Foi preparado um branco com 3 ml de água destilada e BSA.

4) À solução acima referida foram adicionados 2 ml de reagente de Lowry (A: B: C=98:1:1) e incubados durante 10 minutos.

5) Adicionou-se 0,2 ml de reagente de Folin Ciacalteau (diluído a 1:1) a todos os conjuntos e incubou-se durante 20 minutos no escuro à temperatura ambiente.

6) A intensidade da cor azul desenvolvida foi medida contra um filtro vermelho (640nm) num colorímetro.

7) Os respectivos valores de densidade ótica (DO) foram registados para obter uma curva padrão.

Preparação da mistura de reação:

8) 1g de tecido fresco de cada plântula *de Brassica* e *Trigonella* (7 e 15 dias de idade) foi mantido durante a noite a -20° C.

9) Em seguida, foi esmagado num almofariz e pilão refrigerados, utilizando o tampão fosfato 0,1M (pH 6,8).

10) O homogenato foi recolhido e centrifugado a frio a 8000 rpm durante 15 minutos.

11) O sobrenadante claro foi recolhido e o teor de proteínas totais foi medido

12) Tomou-se cerca de 0,5 ml de extrato de cada conjunto e adicionaram-se 2,5 ml de água destilada, seguindo-se a adição de 2 ml do reagente de Lowry.

13) A mistura inteira foi incubada durante 10 minutos e, em seguida, adicionou-se 0,2 ml de Reagente Folin (1:1 diluído) a todos os conjuntos e incubou-se durante 20 minutos no escuro à temperatura ambiente.

14) A intensidade da cor azul desenvolvida foi medida contra um filtro vermelho num espetrofotómetro.

15) O teor de proteínas solúveis totais (μg por g de tecido) foi obtido a partir da curva padrão.

b. ESTIMATIVA DO AÇÚCAR TOTAL

O açúcar total foi extraído e calculado de acordo com o método de Dubois et.al. (1956).

Produtos químicos preparados

50 mM de tampão fosfato (pH 7,5)

80% de etanol

Reagente de antrona - 200 mg de pó de antrona foram dissolvidos suavemente em 100 ml de H2SO4 concentrado a 4 C°

Preparação da curva padrão:

1) 0,1 ml, 0,2 ml, 0,3 ml, 0,4 ml e 0,5 ml de soluções padrão de dextrose foram colocados num tubo de ensaio e foram preparadas duas réplicas de cada concentração.

2) O volume da mistura foi aumentado para 1 ml, adicionando 0,9 ml, 0,8 ml, 0,7 ml, 0,6 ml e 0,5 ml de tampão fosfato, respetivamente.

3) Foi preparado um branco com 1 ml de tampão fosfato e 1 ml de água destilada.

4) À solução acima referida foram adicionados 4 ml de reagente de antrona e incubados a 90° C durante 15 minutos num banho de água quente.

5) Em seguida, os tubos foram deixados em repouso à temperatura ambiente.

6) A absorvância foi medida a 625 nm utilizando o espetrofotómetro contra a solução em branco.

7) Os respectivos valores de densidade ótica (DO) foram registados para obter uma curva padrão.

Preparação da mistura de reação

8) 1 g de tecido fresco de cada uma das plântulas *de Brassica* e *Trigonella* (7 dias e 15 dias de idade) foram

extraído com 5 ml de tampão fosfato, centrifugado a 4000 rpm durante 15 minutos.

9) O sobrenadante foi retirado e a ele foram adicionados 5 volumes de etanol a 80% e a mistura foi mantida a 4°C durante um dia.

10) Tomou-se a fase aquosa e com ela misturaram-se 2 ml de alíquota e 4 ml de reagente de antrona refrigerado e aqueceu-se a 90°C durante 15 minutos em banho-maria.

11) Em seguida, os tubos foram deixados em repouso à temperatura ambiente e a absorvância foi medida a 625 nm utilizando um espetrofotómetro.

12) O açúcar presente nas folhas foi estimado a partir de uma curva padrão preparada com dextrose.

c. ESTIMATIVA DO ADN TOTAL

Existe um método espetrofotométrico fácil de estimar o ADN com base na reação quantitativa do açúcar desoxi com o reagente difenilamina. O teor de ADN total foi estimado de acordo com o método de Burton (1956).

Produtos químicos preparados

1) Solução padrão de ADN - 10 mg de ADN foram dissolvidos em 100 ml de água destilada (100µg/ml).

2) Mistura de 1,5% de DPA (reagente de difenilamina) - 1,5 g de DPA dissolvido em 198 ácido acético glacial e 2 ml de H2SO4 concentrado adicionados lentamente.

Preparação da curva padrão

1) Foram colocados 0,5 ml, 1 ml, 1,5 ml, 2 ml e 2,5 ml de soluções padrão de ADN num tubo de ensaio e foram preparadas duas réplicas de cada concentração.

2) O volume da mistura foi aumentado para 3 ml, adicionando 2,5 ml, 2 ml, 1,5 ml, 1 ml e 0,5 ml de água destilada, respetivamente.

3) Foi preparado um branco com 3 ml de água destilada.

4) À solução acima referida foram adicionados 6 ml de reagente de difenilamina e aquecidos durante 10 minutos em banho-maria.

5) A absorvância da solução azul a 600 nm em relação ao branco foi determinada

6) Os respectivos valores de densidade ótica (DO) foram registados para obter uma curva padrão.

Preparação da mistura de reação

1) 1g de tecido fresco de cada plântula *de Brassica* e *Trigonella* (7 e 15 dias de idade) foi mantido durante a noite a -20° C.

2) Em seguida, foi esmagado num almofariz e pilão refrigerados utilizando o tampão fosfato 0,1M (pH 6,8). O homogenato foi recolhido e centrifugado a frio a 8000 rpm durante 15 minutos.

3) O sobrenadante claro foi recolhido.

4) Colocou-se 1 ml de sobrenadante em tubos de ensaio de cada conjunto e adicionaram-se 2 ml de água destilada e 4 ml de solução de DPA. A mistura foi bem agitada.

5) Tomou-se cerca de 0,5 ml de extrato de cada conjunto e adicionaram-se 2,5 ml de água destilada, seguidos da adição de 4 ml de difenilamina.

6) A mistura inteira foi aquecida durante 10 minutos em banho-maria

7) Após a incubação, a intensidade da cor azul da mistura de reação foi determinada medindo o valor de D.O. no espetrofotómetro a 600 nm contra o branco.

8) As quantidades de ADN presentes nas plântulas foram estimadas a partir de uma curva padrão preparada com uma solução de ADN padrão.

D. ESTIMATIVA DA CLOROFILA TOTAL

A estimativa do teor de clorofila total foi efectuada de acordo com o método de Arnon (1949).

Produtos químicos necessários

Solução de acetona a 80% - 80 ml de acetona a 100% de grau analítico (previamente arrefecida) foi misturada com 20 ml de água destilada.

Procedimento

1) Foram pesados 5 g de rebentos e folhas verdes finamente cortados de plântulas *de Brassica* e *Trigonella* (com 7 e 15 dias de idade).

2) O tecido foi triturado até se tornar uma pasta fina utilizando um almofariz e um pilão, com a adição

de 20 ml de acetona a 80%.

3) O homogenato foi recolhido e centrifugado a 5000 rpm durante 5 minutos.

4) O sobrenadante foi transferido para um balão volumétrico de 50 ml

5) O resíduo foi novamente triturado com 20 ml de acetona a 80%, centrifugado e transferido o sobrenadante para o mesmo balão volumétrico.

6) Este processo foi repetido até que o resíduo se tornasse incolor. Em seguida, o almofariz e o pilão foram lavados com acetona a 80% e os resíduos foram recolhidos no balão volumétrico.

7) O volume foi completado para 50 ml com acetona a 80%.

8) A absorção da solução a 645 e 663 em relação ao solvente (acetona a 80% como branco) foi medida num espetrofotómetro.

RESULTADO

A. Estimativa das proteínas totais

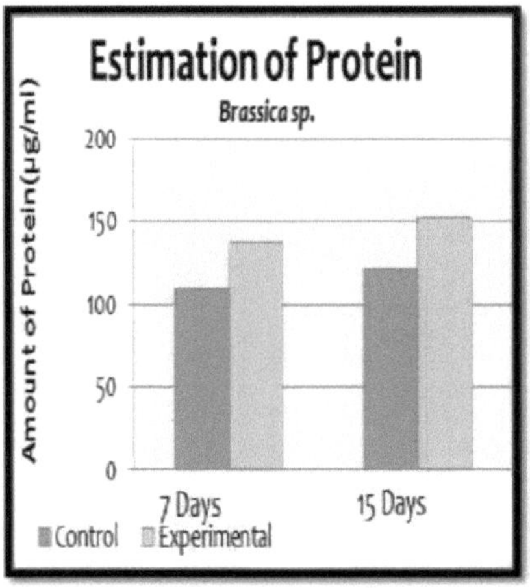

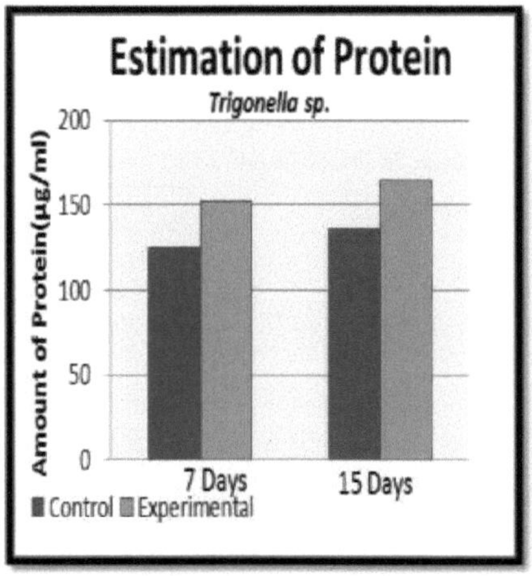

B. Estimativa do açúcar total

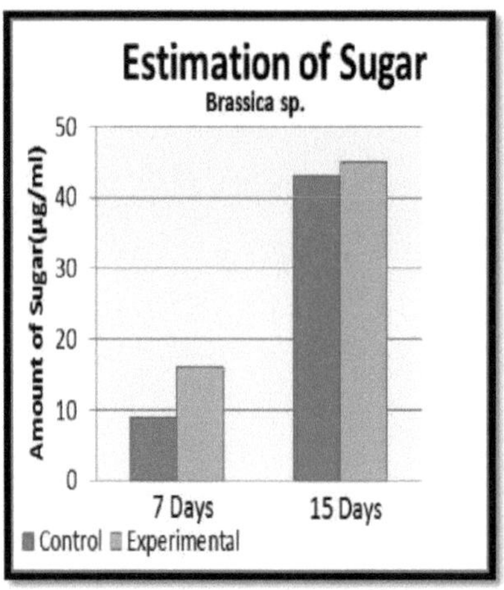

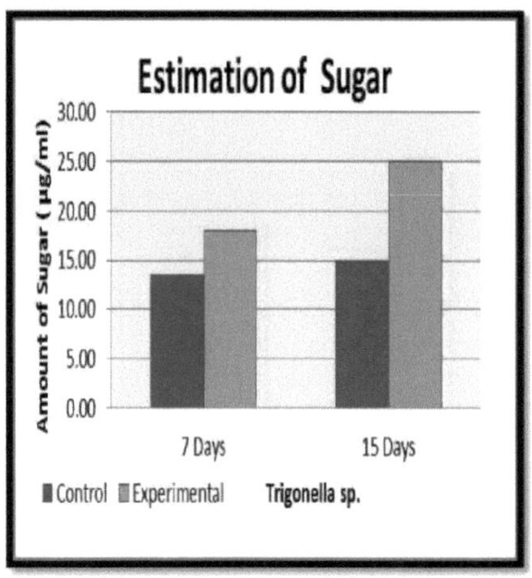

C. Estimativa do teor de ADN total

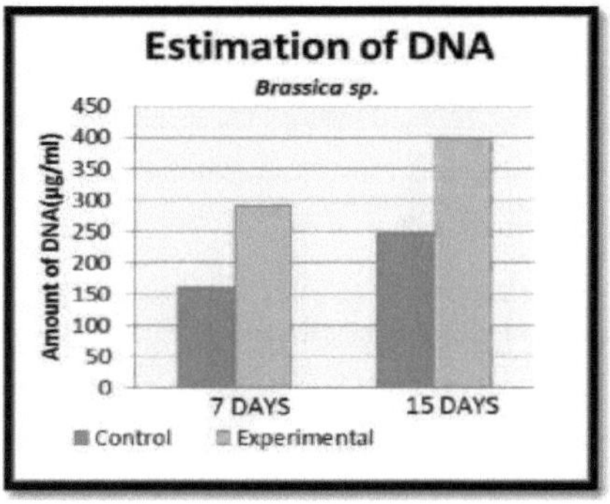

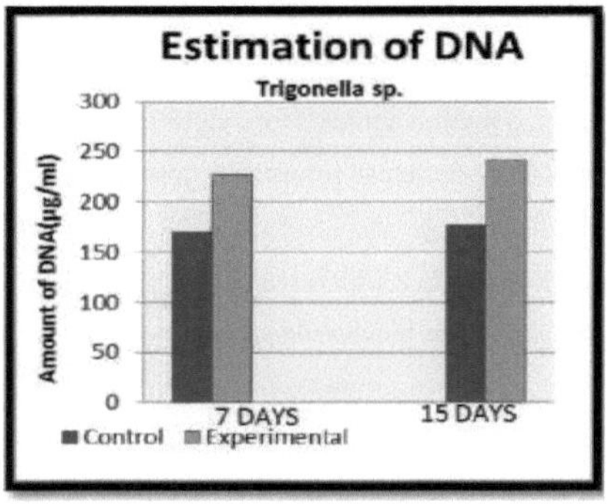

D. Estimativa da clorofila total

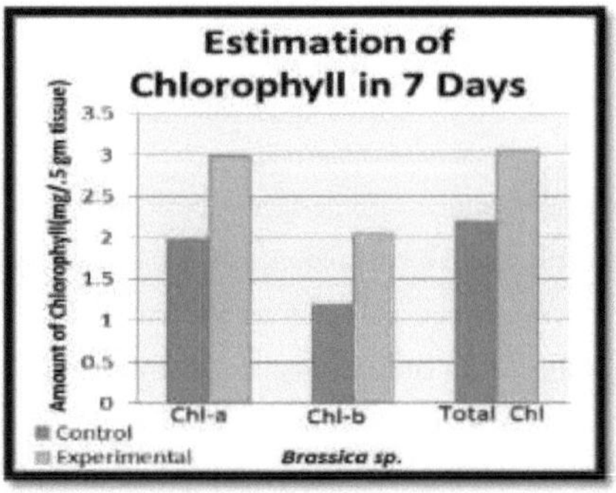

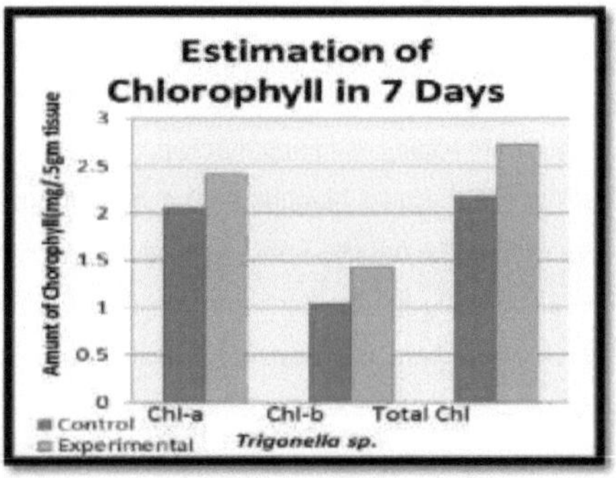

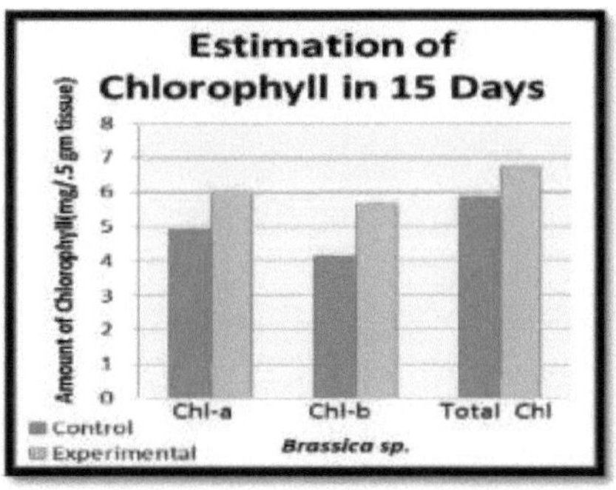

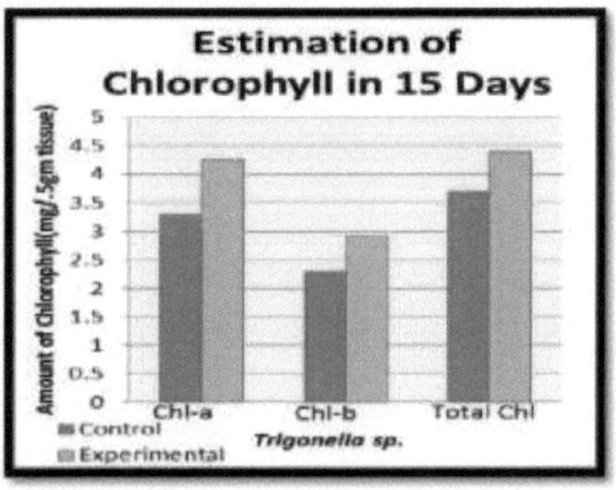

Conclusão da Parte 4

A aplicação de biocarvão também mostrou uma maior acumulação de proteínas solúveis e de açúcar solúvel nas plântulas *de Brassica* e *de Trigonella.* A concentração de proteínas solúveis, açúcar, ADN e clorofila aumentou em relação ao controlo em 40%, 24,5%, 85,6% e 38,6% nas plântulas *de Brassica.* No caso da *Trigonella* sp. o mesmo aumento em relação ao controlo é de 24,5%, 77,7%, 33,5% e 11%, respetivamente.
A concentração de proteínas solúveis, açúcar, ADN e clorofila aumentou em relação ao controlo após 15 dias no caso de *Brassica sp.* são 25,6%, 69,2%, 61,1% e 14,6% respetivamente e no caso de *Trigonella sp.* são 24,6%, 46,5%, 36,15% e 18,9% respetivamente.
A aplicação de 1% de biochar de sabugo de milho no solo melhorou a germinação das sementes e também resultou num aumento acentuado do crescimento das plântulas em todas as fases de crescimento. O mecanismo do carvão vegetal na promoção do crescimento por alongamento baseia-se no facto de o carvão vegetal reduzir a emissão de N2O do solo e ajudar a reter nitratos e água de drenagem orgânica dissolvida. Assim, o carvão vegetal pode constituir uma mais-valia como corretivo do solo, melhorando o rendimento das plantas, a correção de poluentes e uma fonte de créditos de carbono. A adição de biochar ao solo aumentou o pH do solo, o carbono orgânico do solo, o Ca, o K, o Mn e o P e diminuiu a acidez permutável, o S e o Zn. O biocarvão aumenta significativamente a capacidade de troca catiónica do solo (Novak et. al., 2009).
O alongamento do crescimento está associado ao aumento do peso fresco e seco. Um aumento do teor de matéria seca após o tratamento com carvão vegetal pode ser correlacionado com uma taxa mais elevada de hidratos de carbono que conduziria a uma produção substancial de matéria seca nas plantas.
A análise das propriedades bioquímicas também mostra uma maior acumulação de açúcar, proteínas, ADN e clorofila nas plântulas tratadas com 1% de carvão vegetal em relação às do controlo. A partir do estudo, pode concluir-se que o biochar melhora os solos. Ao converter os resíduos agrícolas num potente melhorador do solo que retém o carbono e torna os solos mais férteis. Aumenta o crescimento das plantas e o conteúdo físico-químico.

PARTE- 5
ESTUDO DAS ACTIVIDADES MORFOFISIOLÓGICAS DO BIOCHAR UTILIZADO EM MEIOS DE CULTURA DE TECIDOS (CARVÃO DE MILHO OBTIDO APÓS PIRÓLISE)

O carvão ativado desempenha um papel muito importante na cultura de tecidos vegetais. O carvão ativado tem uma rede muito fina de poros com uma grande superfície interna, na qual podem ser absorvidas muitas substâncias. O carvão ativado é frequentemente utilizado na cultura de tecidos para melhorar o crescimento e o desenvolvimento das células. Os efeitos promotores do crescimento do carvão ativado na morfogénese devem-se à sua absorção irreversível de compostos inibitórios no meio de cultura e à diminuição substancial dos metabolitos tóxicos, da exsudação fenólica e da acumulação de exsudados castanhos.

Além disso, o carvão ativado está envolvido numa série de actividades estimulantes, incluindo a libertação de substâncias naturalmente presentes no carvão ativado que promovem o crescimento, a alteração e o escurecimento dos meios de cultura e a absorção de vitaminas, iões metálicos e reguladores do crescimento das plantas, incluindo ABA e etileno gasoso. (Dumans e Monteuuis, 1995).

A adição de carvão ativado no meio de enraizamento de rebentos micropropagados de Pinus pinaster melhorou o potencial de enraizamento adventício devido à redução da luz na base de um rebento que facilita a acumulação de auxina fotossensível (Dumans e Monteuuis, 1995). De acordo com Johansson et.al (1977) o efeito estimulador do carvão ativado na embriogénese pode ser devido à absorção de 2, 4-D ou outras substâncias inibidoras da auxina.

Com base nas conclusões acima referidas, o presente trabalho tem por objetivo estudar o papel do biochar e a sua aplicação na cultura de tecidos e estudar alguns parâmetros morfológicos e físico-químicos em plântulas *de Brassica* e *Trigonella.*

Para investigar o impacto do biocarvão nas plântulas de plantas superiores, as sementes de mostarda (*Brassica nigra* L. Koch) e de metilo (*Trigonella sp* L. Wilczek) foram colhidas num viveiro local e lavadas cuidadosamente em água. O meio basal foi preparado com 1% de carvão de sabugo de milho para a micropropagação de sementes (conjunto experimental). Para os conjuntos de controlo, as sementes foram deixadas a crescer em meio basal MS sem carvão. Foram mantidas seis réplicas de cada conjunto. Os dados foram registados após 3 dias para estudar a percentagem de germinação das sementes e em 2 fases de desenvolvimento das plântulas com 7 e 15 dias de idade.

PREPARAÇÃO DE MEIOS PARA CULTURA DE TECIDOS

O meio Murashige e Skoog (MSO) ou MS0 (MS-zero) é um meio de cultura vegetal utilizado nos laboratórios para o cultivo de células vegetais. O MSO foi inventado pelos cientistas de plantas Toshio Murashige e Folke K. Skoog. . É o meio mais comummente utilizado em experiências de cultura de tecidos de plantas em laboratórios. Foram preparadas diferentes soluções-mãe (Stock I, II, III e IV) para as experiências.

PREPARAÇÃO DE SOLUÇÕES DE RESERVA

ACÇÃO - I (MACRO-SAIS):

As quantidades necessárias de sais foram pesadas, adicionadas sucessivamente por dissolução em água destilada e o volume final foi completado para 500 ml. O stock foi armazenado no frigorífico.

Caldo - 1 (500ml)	Murashige & Skoog (1962)	
	Mg	G
KNO_3	1900	19
$NH_4 NO_3$	16500	16.5
$MgSO_4$,7H O_2	3700	3.7
$CaCl_2$,2H O_2	4400	4.4
$KH_2 PO_4$	1700	1.7

ACÇÃO - II (MICRO-SAIS):

As quantidades necessárias de sais foram pesadas, adicionadas sucessivamente e dissolvidas em água destilada e o volume final foi completado para 250 ml. O stock foi armazenado no frigorífico.

Caldo -II (250ml)	Murashige & Skoog (1962)	
	Mg	G
$MnSO_4$	1115	1.115
KI	41.5	.0415
$H_3 BO_4$	310	.31

STOCK - m (AGENTE DE CHELAING):

Caldo -III (250ml)	Murashige & Skoog (1962)	
	Mg	G
$FeSO_4$, 7H O_2	1390	1.39
Na_2 EDTA,2H O_2	1865	1.865

ACÇÃO - IV (NUTRIENTES):

Caldo - IV (250ml)	Murashige & Skoog (1962)	
	Mg	G
Mio-inositol	5000	5
Ácido nicotínico	25	0.025
Piridoxina-HCl	25	0.025
Tiamina-HCl	25	0.025
Glicina	100	0.1

STOCK -V Sacarose 3 g/l

STOCK - VIAgar 10 g/l

PREPARAÇÃO DO MEIO BASAL:

Para preparar 500 ml de meio basal, 25 ml de macrossal (Stock I), 0,5 ml de microssal (Stock II), 2,5 ml de Fe-EDTA (Stock III) e 0,5 ml de (Stock IV) foram colocados numa proveta graduada e bem misturados. Em seguida, adicionou-se sacarose a 3% (15 g). Por fim, adicionou-se água destilada para perfazer o volume final de 500 ml. O meio preparado foi dividido em duas partes iguais. A uma parte de 250 ml de meio basal, foi adicionado 1% de carvão (2,5 g) como nutriente adicional e a outra parte de 250 ml foi mantida sem carvão, que serviu de controlo. O pH dos meios preparados foi ajustado entre 5,6 e 5,8 com a ajuda de um medidor de pH.

Para solidificar o meio, 2,5 g de pó de ágar foram gradualmente misturados separadamente nos dois meios de 250 ml (tanto para o controlo como para a mistura de biochar) por aquecimento suave num banho de água e vertidos em garrafas de vidro limpas e transparentes. Finalmente, todos os frascos (tanto para o controlo como para a mistura de biochar) foram rotulados, bem tapados com uma tampa e esterilizados em autoclave durante 15 minutos a 120° C e 15 lb de pressão.

INOCULAÇÃO ASSÉPTICA DE MATERIAL VEGETAL PARA INICIAÇÃO DE CULTURAS

Sementes frescas e saudáveis de *Brassica sp.* e *Trigonella sp.* foram mergulhadas numa solução de cloreto de mercúrio a 0,1% num copo esterilizado durante 5 minutos e foram lavadas cuidadosamente 4 a 5 vezes com água destilada autoclavada. As sementes estéreis foram retiradas com a ajuda de uma pinça estéril e 8 a 10 sementes foram colocadas no frasco de vidro esterilizado contendo meio nutritivo basal MS. Todo o procedimento foi efectuado de forma asséptica na câmara de fluxo de ar +laminar. Depois a cultura foi incubada a 26° C ± 1° C e foi mantida em prateleiras de laboratório de cultura de tecidos em condições não perturbadas durante 3 dias.

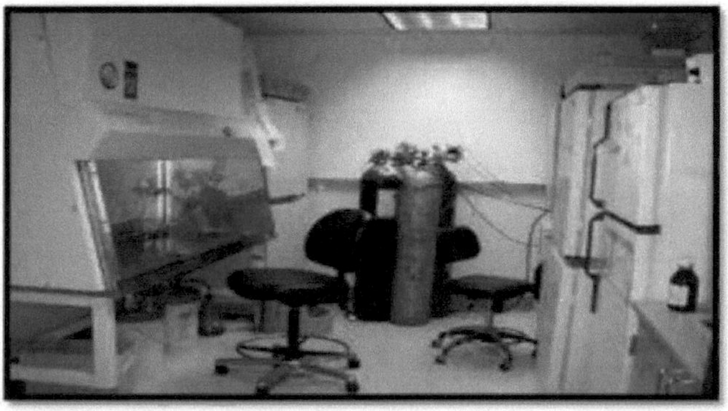

Imagem do Laboratório de Cultura de Tecidos

RESULTADO

Os dados foram registados após 3 dias para estudar a percentagem de germinação das sementes e em 2 fases de desenvolvimento de plântulas com 7 e 15 dias de idade. Os parâmetros morfológicos foram registados. Para o estudo bioquímico, as plântulas foram retiradas das garrafas de vidro de um conjunto e foram efectuadas as estimativas.

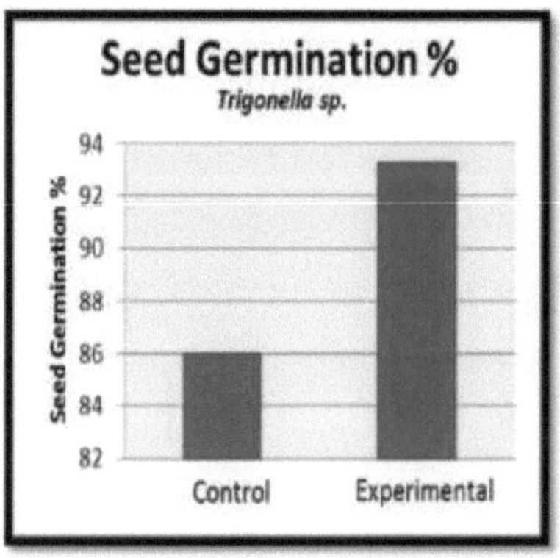

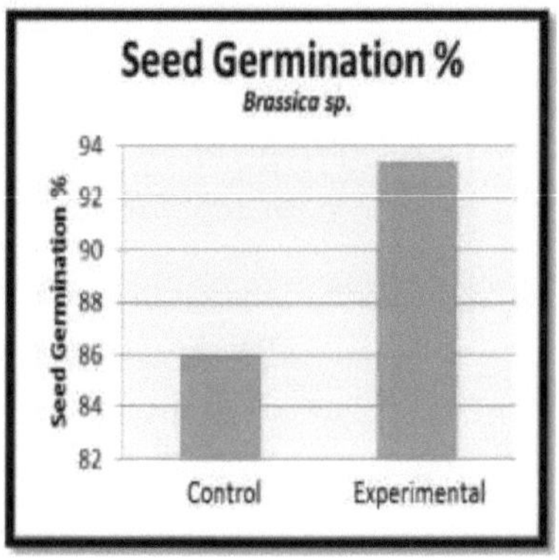

CONTROL
(MUSTARD)
EXPERIMENTAL
(MUSTARD)

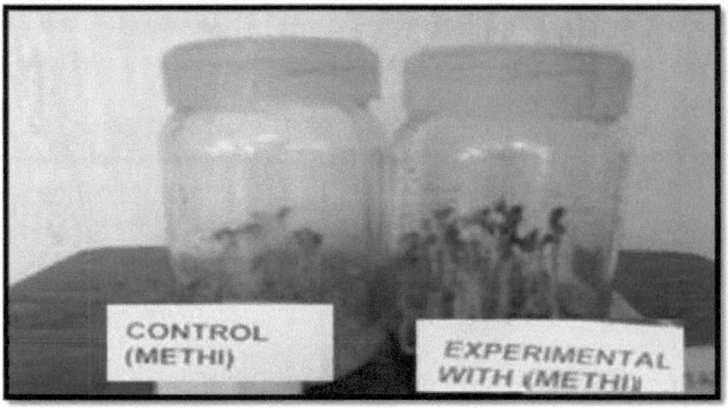
CONTROL
(METHI)
EXPERIMENTAL
WITH (METHI)

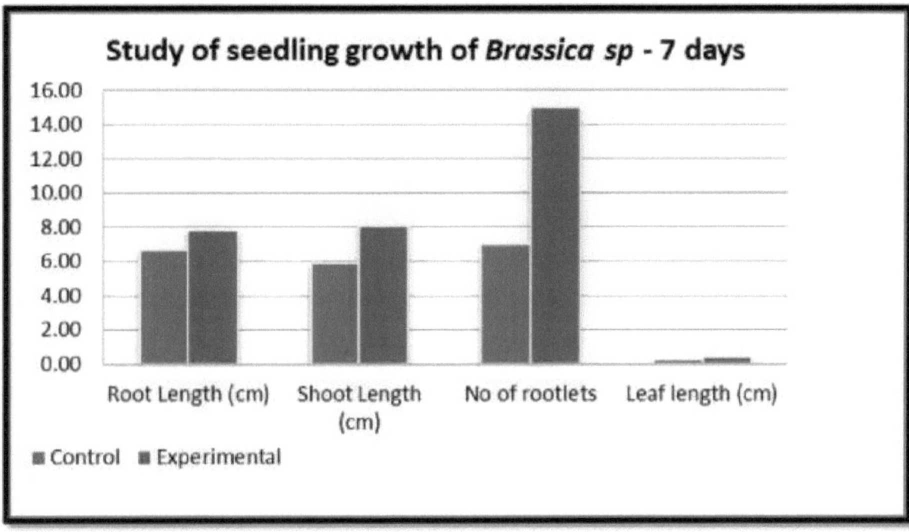
Study of seedling growth of *Brassica sp* - 7 days
16.00
14.00
12.00
10.00
8.00
6.00
4.00
2.00
0.00
Root Length (cm)
Shoot Length (cm)
No of rootlets
Leaf length (cm)
Control
Experimental

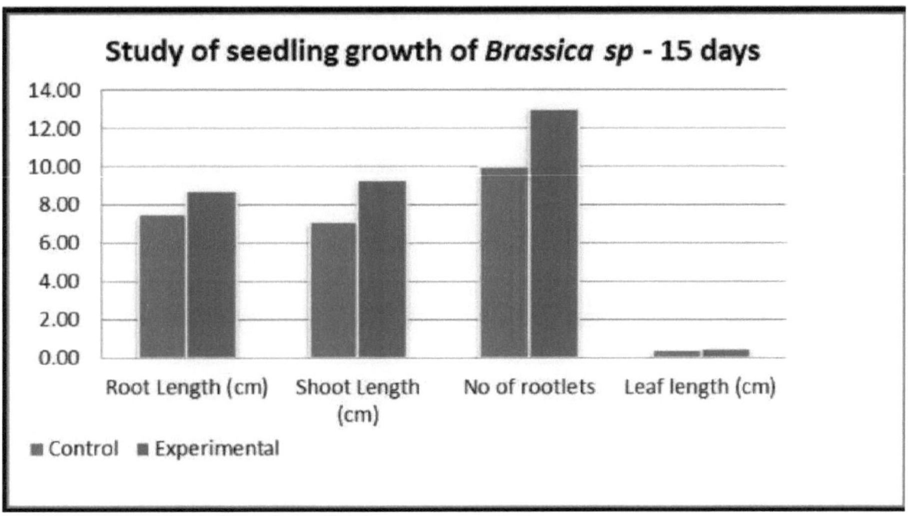
Study of seedling growth of *Brassica sp* - 15 days
14.00
12.00
10.00
8.00
6.00
4.00
2.00
0.00
Root Length (cm)
Shoot Length (cm)
No of rootlets
Leaf length (cm)
Control
Experimental

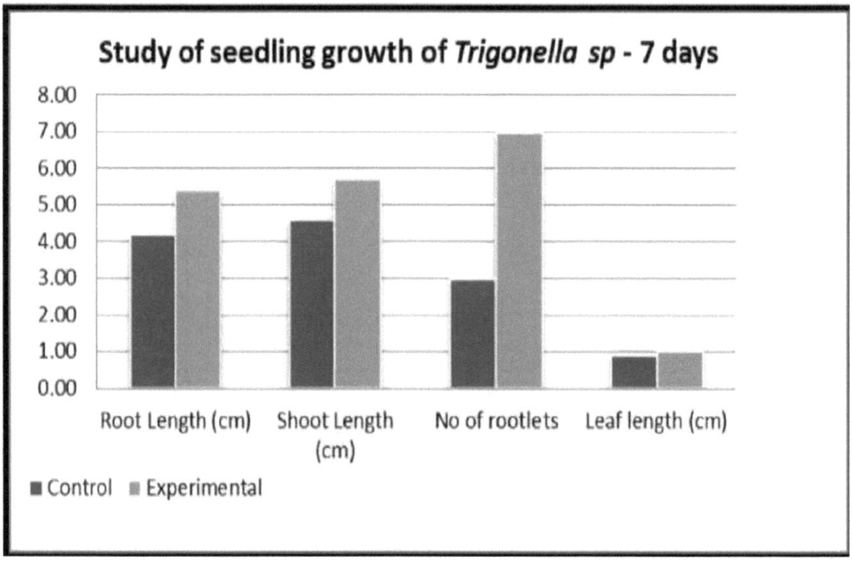
Study of seedling growth of Trigonella sp - 7 days
8.00
7.00
6.00
5.00
4.00
3.00
2.00
1.00
0.00
Root Length (cm)
Shoot Length (cm)
No of rootlets
Leaf length (cm)
Control
Experimental

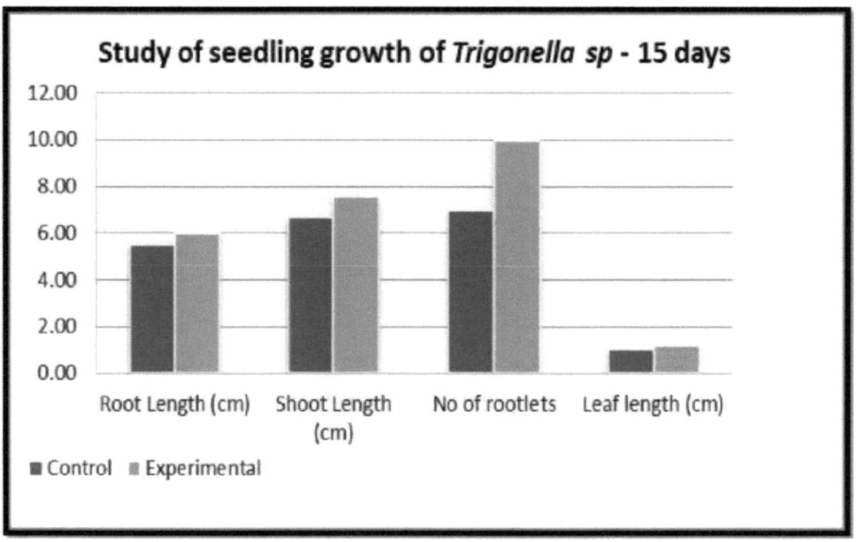
Study of seedling growth of Trigonella sp - 15 days
12.00
10.00
8.00
6.00
4.00
2.00
0.00
Root Length (cm)
Shoot Length (cm)
No of rootlets
Leaf length (cm)
Control
Experimental

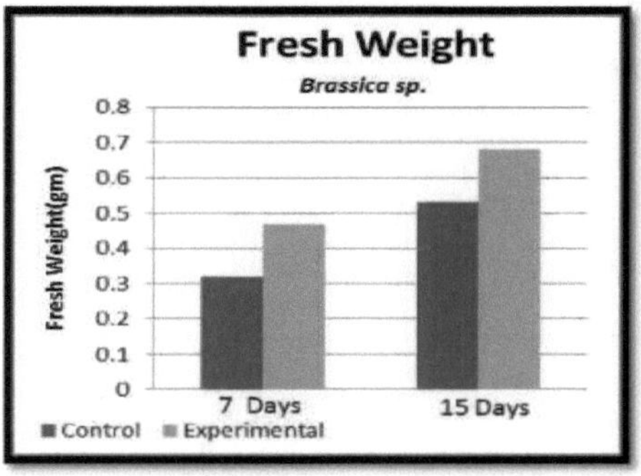

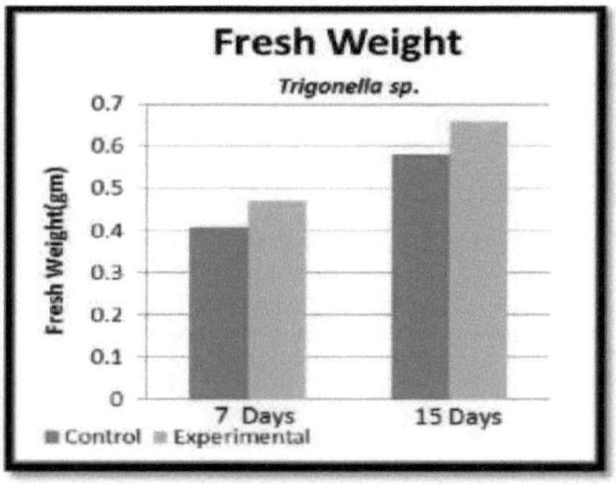

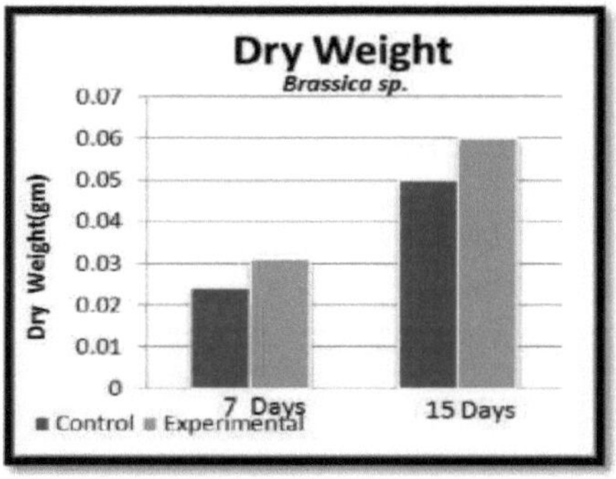

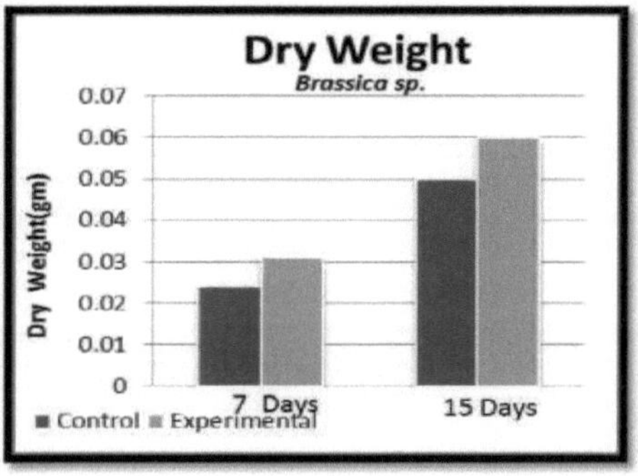

Conclusão da Parte 5

A aplicação de 1% de carvão de sabugo de milho em meios de cultura mostrou uma melhoria notável do crescimento das plântulas em relação às contrapartes de controlo não tratadas. A altura das plântulas aumentou progressivamente com o avanço da maturidade em ambos os conjuntos de controlo e tratados com biocarvão. Após 15 dias de crescimento, a aplicação de 1% de bio-carvão aumentou a altura das plântulas em cerca de 30% em relação ao controlo em *Brassica* sp. e em cerca de 13,3% em relação ao controlo em *Trigonella* sp. O comprimento das raízes, o comprimento das folhas e o número de radículas também aumentaram no conjunto tratado em relação ao conjunto de controlo.

Juntamente com o aumento da altura, o bio-char também resultou num aumento do peso fresco e seco de ambas as plântulas. Na mostarda, após 15 dias, houve um aumento do peso fresco de 28% em relação ao controlo e do peso seco de 29,1% em relação ao controlo. Na *Trigonella* sp, após 15 dias de crescimento, houve um aumento do peso fresco de 31% e do peso seco de 46,1% em relação ao controlo.

PARTE- 6

ESTUDO DAS ACTIVIDADES BIOQUÍMICAS DO BIOCHAR EM MEIOS DE CULTURA DE TECIDOS (CARVÃO DE MAÇAROCA DE MILHO OBTIDO APÓS PIRÓLISE)

A. ESTIMATIVA DAS PROTEÍNAS TOTAIS

A estimativa das proteínas solúveis totais do tampão foi efectuada de acordo com o método de Lowry (1951).

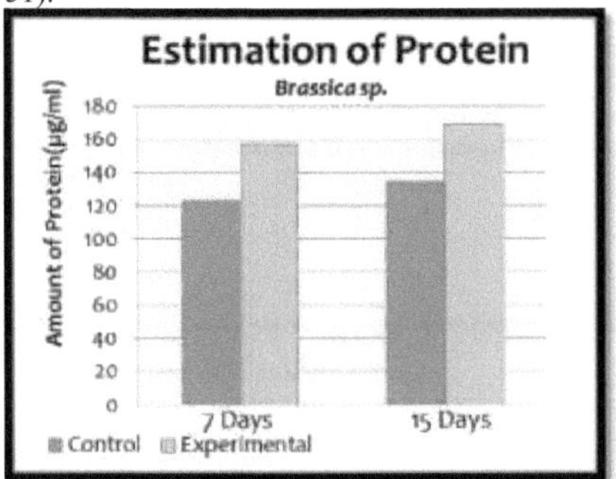

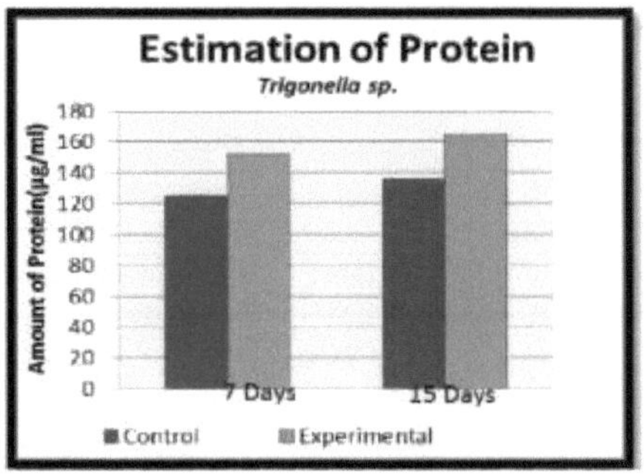

B. ESTIMATIVA DO AÇÚCAR TOTAL

O açúcar total foi extraído e calculado de acordo com o método de Antoniw e Sprent (1978).

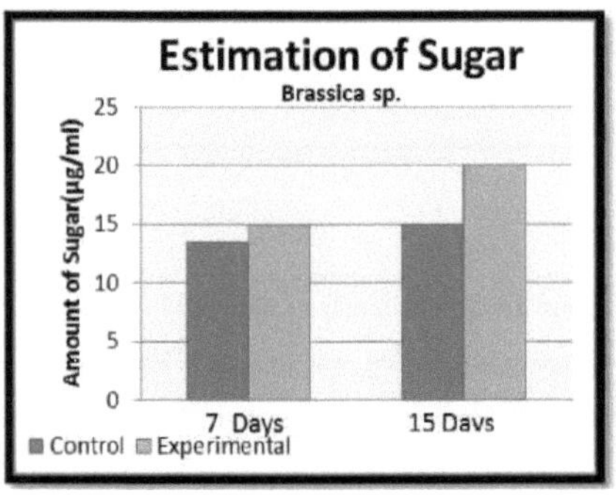

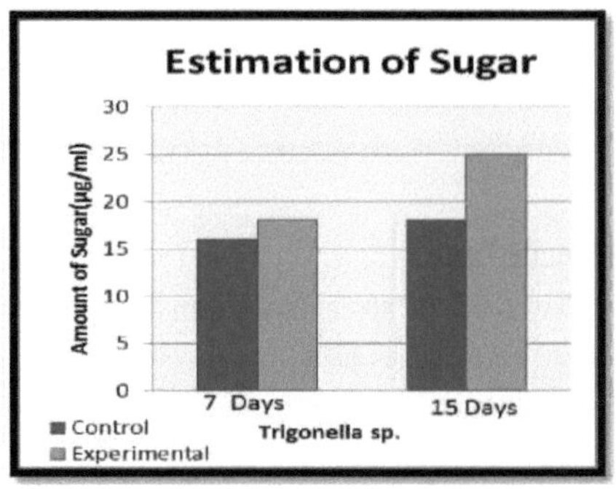

C. ESTIMATIVA DO ADN TOTAL

O teor de ADN total foi estimado de acordo com o método de Burton (1956).

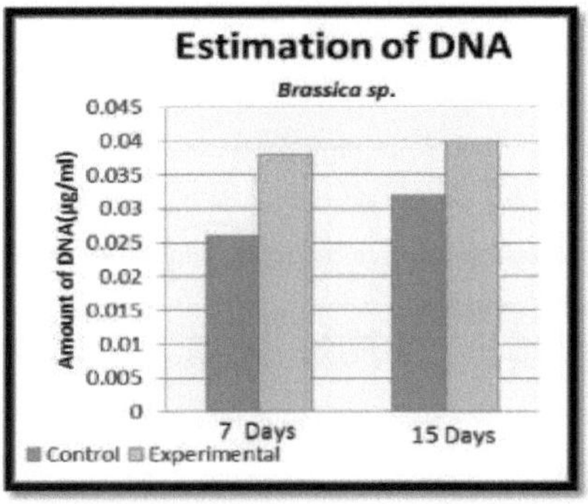

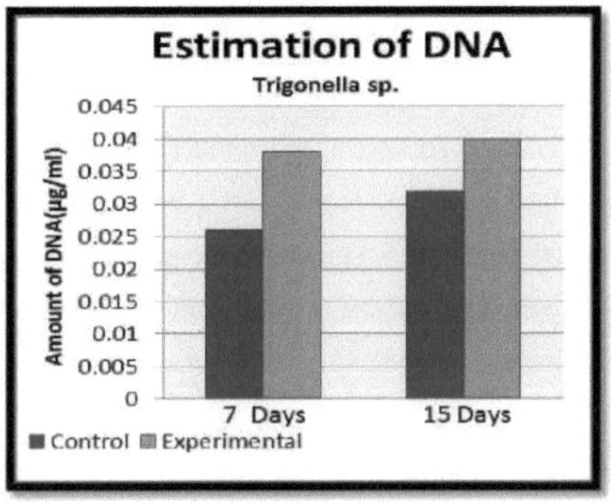

D. ESTIMATIVA DA CLOROFILA TOTAL

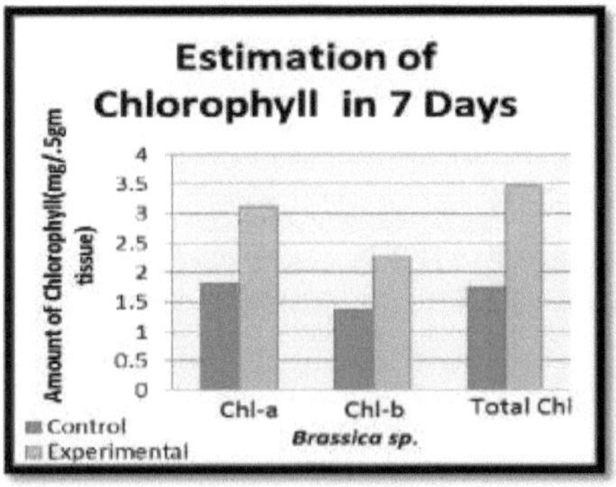

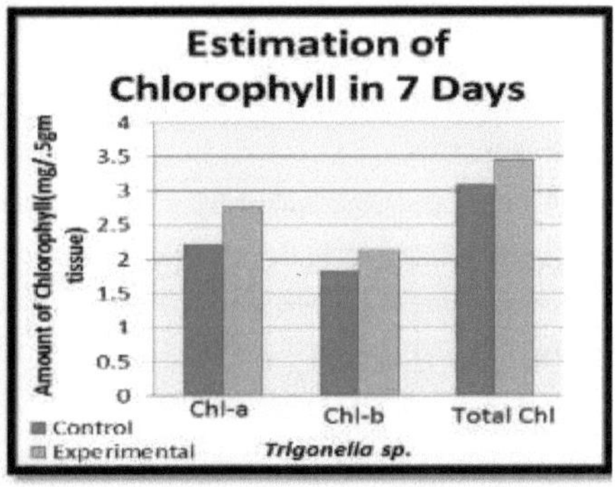

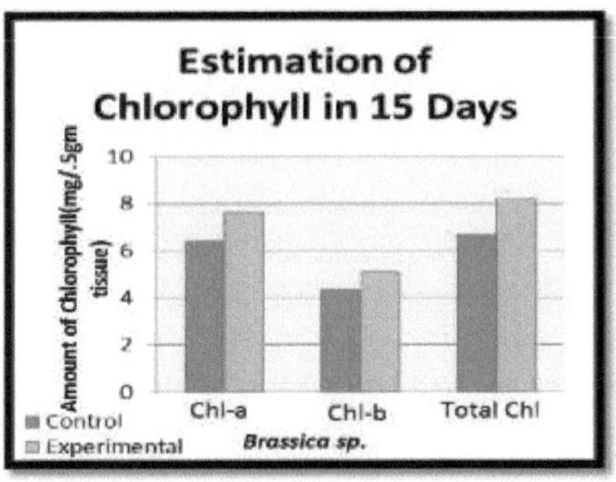

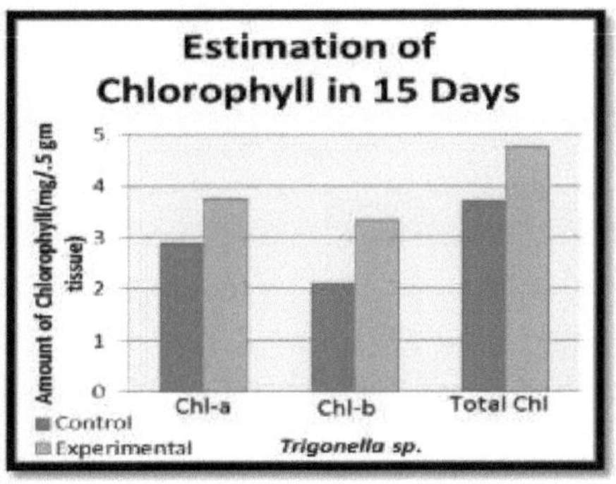

A estimativa do teor de clorofila total foi efectuada de acordo com o método de Arnon (1949).

A aplicação de 1% de carvão de sabugo de milho em meios de cultura mostrou uma acumulação consideravelmente maior de açúcar solúvel, proteína e conteúdo de ADN em relação às contrapartes de controlo não tratadas, tanto em plântulas *de Brassica* como *de Trigonella.* O teor de açúcar total, tanto nas plântulas *de Brassica* como *de Trigonella*, aumentou cerca de 18,51% e 21,32%, respetivamente, em relação ao controlo. A aplicação de biocarvão também mostrou uma maior acumulação de teor de clorofila nas plântulas *de Brassica* e *Trigonella*.

Conclusão da Parte 6

O biochar é considerado um composto muito ativo nos meios de cultura de tecidos. Numerosos ensaios foram efectuados em todo o mundo por cientistas agrícolas que demonstraram melhorias significativas no crescimento das plantas através da adição de biochar nos meios de cultura. Uma hipótese simples para explicar o mecanismo do carvão vegetal na promoção do crescimento é a absorção de pigmentos castanhos ou pretos tóxicos (compostos do tipo fenol), bem como de outros compostos tóxicos dos meios de cultura. Assim, o carvão vegetal pode potencialmente proporcionar um valor acrescentado nos meios de cultura de tecidos, melhorando o crescimento das raízes e diminuindo os metabolitos tóxicos.

O alongamento do crescimento está associado ao aumento do peso fresco e seco. Um aumento do teor de matéria seca após o tratamento com carvão vegetal pode ser correlacionado com uma taxa mais elevada de hidratos de carbono que conduziria a uma produção substancial de matéria seca nas plantas.

A análise do teor de hidratos de carbono em termos de açúcar redutor mostra um aumento considerável do teor de açúcar nas plântulas tratadas com 1% de carvão vegetal em relação às do controlo. Juntamente com um aumento no teor de açúcar, uma estimulação acentuada no nível de proteínas solúveis totais, ADN e clorofila são significativamente aumentados nas plântulas tratadas com 1% de carvão vegetal em relação às suas contrapartes de controlo.

A partir do estudo, pode concluir-se que o biochar é um importante nutriente aditivo no meio basal MS que não só promove o crescimento das plântulas como também estimula o nível de açúcar, proteínas solúveis e ADN. O teor de clorofila também aumentou significativamente em relação ao controlo nas plântulas tratadas com biochar.

A partir do estudo, verificou-se que a aplicação de 1% de biochar no solo e no meio MS de cultura de tecidos mostra uma resposta positiva distinta do crescimento das plantas em relação ao controlo, tanto em *Brassica sp* como em *Trigonella sp*. Juntamente com isso, o teor de açúcar, proteínas, ADN e clorofila também aumentou nas plântulas tratadas de *Brassica* e *Trigonella* em relação às do controlo. Assim, pode concluir-se que o biochar pode ser tratado como um bom fertilizante orgânico.

DISCUSSÕES

As preocupações crescentes com as alterações climáticas trouxeram o biochar para a ribalta. A combustão e a decomposição da biomassa lenhosa e dos resíduos agrícolas resultam na emissão de uma grande quantidade de dióxido de carbono. O biochar pode armazenar este CO_2 no solo, o que conduz à redução das emissões de gases com efeito de estufa e ao aumento da fertilidade do solo. Assim, o biochar pode ser utilizado como corretor do solo para aumentar o crescimento das plantas. Devido ao menor teor de enxofre e azoto nos resíduos de biomassa, a sua utilização energética também cria menos poluição ambiental e riscos para a saúde do que a combustão de combustíveis fósseis.

A pirólise da biomassa tem vindo a atrair muita atenção devido às suas caraterísticas de elevada eficiência e bom desempenho ambiental. Constitui também uma oportunidade para a transformação de resíduos agrícolas, resíduos de madeira e resíduos sólidos urbanos em energia limpa. Além disso, o sequestro de biochar poderia fazer uma grande diferença nas emissões de combustíveis fósseis em todo o mundo e atuar como um ator importante no mercado global do carbono, graças à sua tecnologia de produção robusta, limpa e simples.

O carbono negro derivado da biomassa, o carvão vegetal ou "biochar", como é atualmente designado, pode ser utilizado como corretor do solo para melhorar a retenção e a disponibilidade de nutrientes e, por conseguinte, aumentar o rendimento das culturas. O biochar começou a chamar a atenção como um método interessante para remover o carbono atmosférico e repor o carbono do solo.

Acredita-se que os nativos da Amazónia colombiana utilizavam o biochar para aumentar a produtividade do solo e que o produziam através da combustão de resíduos agrícolas. Os colonos europeus chamaram-lhe Terra Preta de Índio. Na sequência de observações e experiências realizadas por uma equipa de investigação que trabalha na Guiana Francesa, foi levantada a hipótese de a minhoca amazónica Pontoscol excorethrurus ser o principal agente de pulverização fina e incorporação de resíduos de carvão vegetal no solo mineral. O antigo método de produção de carvão vegetal para uso nativo como combustível (e acidentalmente como aditivo do solo) era o método da "cova" ou "trincheira", que criava terra preta, ou solo escuro, após o abandono. O biocarvão pode sequestrar carbono no solo durante centenas a milhares de anos, tal como o carvão. O biochar moderno está a ser desenvolvido utilizando a pirólise para aquecer a biomassa na ausência de oxigénio. No solo, o biochar oxigena-se lentamente e transforma-se em húmus fisicamente estável mas quimicamente reativo, adquirindo assim propriedades químicas interessantes, como a capacidade de troca catiónica e o efeito tampão da acidificação do solo. Ambas são preciosas em solos tropicais pobres em nutrientes e argila.

Quando o biocarvão é utilizado como corretivo do solo, proporciona um habitat para os organismos do solo. Mas não é consumido por eles em grande medida, e a maior parte do biochar aplicado pode permanecer no solo durante vários anos. Também equilibra eficazmente o equilíbrio entre o carbono e o azoto na atmosfera. Pode reter e disponibilizar água e nutrientes às plantas. O biochar também melhora significativamente a inclinação do solo, a produtividade e a retenção e disponibilidade de nutrientes para as plantas. Verificou-se que a adição de biochar ao solo acelera a mineralização da matéria orgânica existente no solo, provavelmente devido ao excesso de potássio e ao aumento do pH do biochar.

Pensa-se que o biocarvão tem um longo tempo médio de permanência no solo. O tempo que o biocarvão permanecerá no solo depende da matéria-prima, do grau de carbonização do material, da relação superfície/volume das partículas e das condições do solo em que o biocarvão é colocado. As estimativas do tempo de permanência variam de 100 a 10.000 anos, sendo 5.000 uma estimativa comum.

A pirólise é a principal técnica de utilização da biomassa. Após a pirólise, juntamente com o carvão vegetal sólido ou o biochar, obtém-se um alcatrão líquido. O biochar é considerado uma área muito ativa da investigação agronómica e dos solos. Foram efectuados numerosos ensaios em todo o mundo por cientistas agrícolas que demonstraram melhorias significativas no crescimento das plantas em solos tratados com biochar. Katerina Kryachko e Witold Kwpainski (1990) utilizaram diferentes tipos de culturas energéticas e resíduos florestais/agrícolas como matéria-prima. Após um pré-tratamento, estas matérias-primas foram pirolisadas, o biochar obtido foi misturado no solo (1%) e as suas investigações centraram-se na forma como os biochars influenciam a germinação das plantas de milho. Foi relatado que existe um efeito positivo significativo no primeiro mês de crescimento das plantas, quando comparado com os controlos, para os solos alterados com biochar. A hipótese é que tal se deve aos efeitos hormonais dos produtos químicos (provavelmente dos vapores de bio-óleo) absorvidos pelos biochars (Katerina e Kwpainski, 1990).

A figura mostra que a experiência com biochar de *Miscanthus* teve a influência mais significativa no crescimento das plantas quando adicionado ao solo. O crescimento do milho (*Zea mays* L) após 21 dias num vaso de controlo (sem carvão) foi muito inferior ao crescimento em vasos em que o solo foi alterado com carvão de madeira de pinheiro, salgueiro e *Miscanthus*, respetivamente (Katerina e Kwpainski, 1990).

Em particular, existem imagens e dados sobre as observações relativas à forma como vários biochars influenciam a germinação das plantas de milho. Verificou-se que existe um efeito positivo significativo no primeiro mês de crescimento das plantas, quando comparado com os controlos, para os solos tratados com biochar. A influência do carvão de *Miscanthus* é especialmente notável. As investigações sugeriram que o crescimento é inicialmente estimulado por efeitos hormonais de produtos químicos adsorvidos pelos biochars. No entanto, mais tarde no crescimento, observou-se uma clara evidência de colonização das raízes das plantas por fungos micorrízicos arbusculares (ver abaixo).

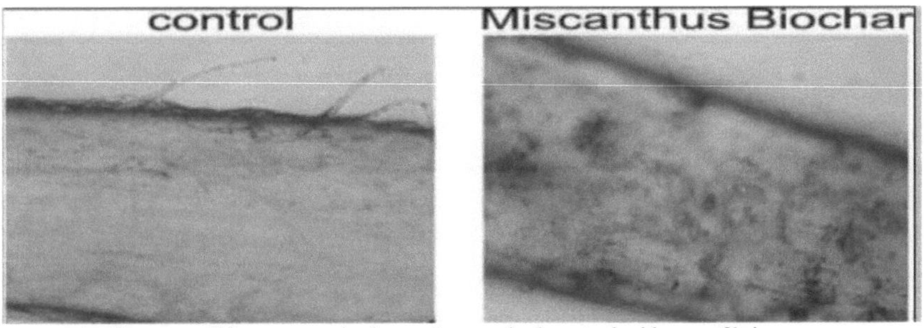

Parece que estes fungos proliferam no meio de carvão, possivelmente devido ao refúgio que lhes são fornecidos pelos poros de carvão (ver abaixo).

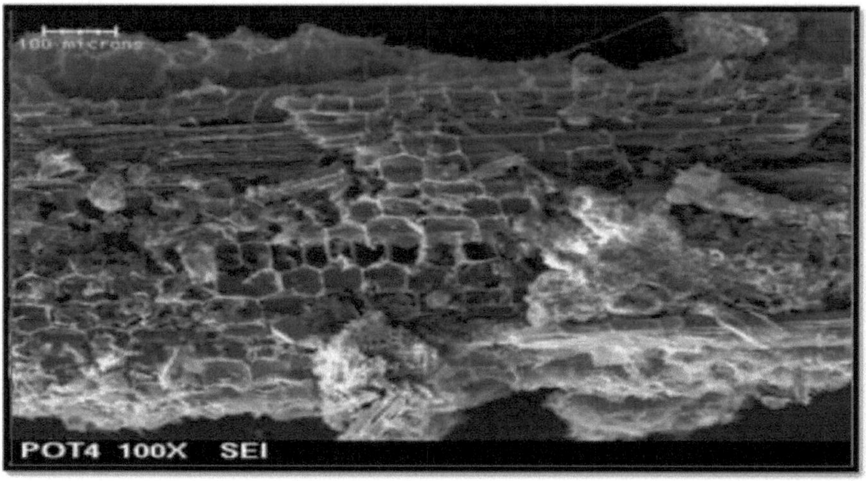

Além disso, foram observadas provas claras da existência de bactérias fixadoras de azoto associadas ao biochar.

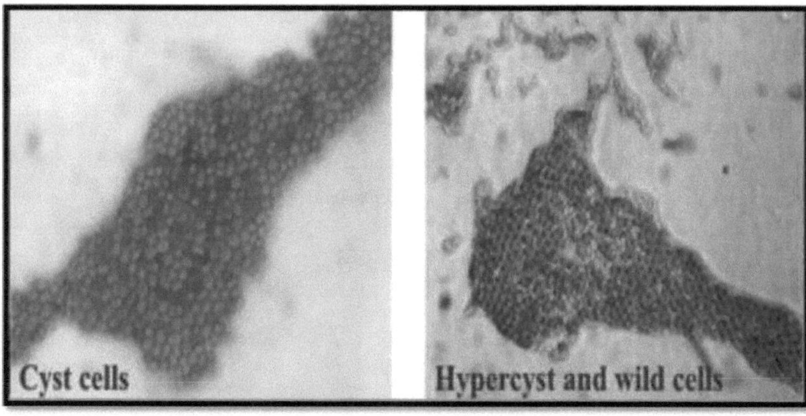

Os investigadores realizam estudos aprofundados sobre os microrganismos associados às raízes e ao carvão. Verificaram que o solo com biochar tem sistemas radiculares alargados e, como já foi referido, as raízes são colonizadas por microrganismos simbióticos. As bactérias fixadoras de azoto (*Azospirillum* sp.) observadas (imagem acima) são de grande importância para a saúde do solo e para o crescimento das culturas.

As contribuições do Biochar para a fertilidade do solo podem ser rastreadas até às civilizações pré-colombianas. Os índios nativos da Amazónia queimaram os seus resíduos domésticos em condições de ar restritas (usando uma cobertura de solo) para dar origem a um produto de Biochar que melhorou significativamente a fertilidade dos solos oxisol tropicais da Amazónia. Estes solos de Terra Preta de Índio ou de Terra Escura da Amazónia têm até três vezes mais N e P, e têm teores de C orgânico até seis vezes superiores aos dos solos adjacentes nãoTP. Uma sessão especial do Congresso Mundial de Ciência do Solo em Filadélfia, em 2006, centrou-se no aspeto químico dos solos da Terra Preta.

Imediatamente após o Congresso, foi convocada uma reunião para discutir todos os aspectos das tecnologias e aplicações do Biochar e foi iniciada a Iniciativa Internacional Biochar (IBI). A IBI fornece uma plataforma para o intercâmbio internacional de informações e actividades de apoio à investigação, desenvolvimento, demonstração e comercialização do Biochar. Os membros do Carbolea Biomass Collaborative Research Group (www.carbolea.ul.ie) da Universidade de Limerick estão também envolvidos em investigações sobre as preparações, composições, propriedades e influências agronómicas do Biochar.

A aplicação do produto de carvão biocarvão, que contém a maior parte dos minerais nutrientes dos resíduos de milho, bem como uma quantidade significativa de carbono, na terra pode melhorar a qualidade do solo, sequestrar carbono e aliviar os problemas ambientais associados à remoção dos resíduos de culturas dos campos (Mullen et.al. 2010).

Um foco particular tem sido explicar como o biochar afecta o movimento da água através dos solos. Rebecca Barnes, uma biogeoquímica do Colorado College, em Colorado Springs, e alguns dos seus colegas testaram isso adicionando biocarvão a diferentes materiais. Na areia, através da qual a água normalmente se escoa muito rapidamente, o biocarvão retardou o movimento da humidade numa média de 92%. No solo rico em argila, que normalmente retém a água, o biochar acelerou o movimento em mais de 300%. Os investigadores sugerem que o biochar altera a forma como a água se move através do espaço intersticial - os espaços entre os grãos no solo. Isto é significativo, diz Barnes, porque embora as argilas possam reter grandes quantidades de água, essa humidade tem dificuldade em passar através dos grãos e chegar às raízes das plantas. Alguns estudos demonstraram que as plantas crescem melhor em solos com adição de biocarvão do que em solos simples ou tratados apenas com composto.

Outros investigadores estão a explorar a forma como os biochars podem reduzir as emissões de óxido nitroso, um gás com efeito de estufa, dos campos agrícolas. Xiaoyu Liu, um cientista do solo da Universidade Agrícola de Nanjing em

China, e os seus colegas relataram que, depois de o biochar ter sido aplicado uma vez em campos de milho e trigo, as emissões de óxido nitroso diminuíram nas cinco colheitas seguintes, um período de três anos. Outros estudos revelaram igualmente reduções, mas os investigadores ainda não conseguiram determinar a causa exacta deste efeito. A aplicação de biochar "também pode melhorar algumas propriedades do solo, como aumentar a disponibilidade de potássio e o teor de matéria orgânica do solo", diz Liu, que obteve algum financiamento dos produtores de biochar. Mas nem todos os estudos mostram que o biochar é um material maravilhoso. Em alguns casos, reduziu o rendimento das culturas e um estudo sugere que diminui a atividade dos genes das plantas que ajudam a defender-se contra ataques de insectos e agentes patogénicos.

Lehmann diz que isso pode se resumir a aplicações inadequadas de biochar. Em alguns dos estudos que mostraram reduções nos rendimentos, ele diz, os solos estavam perfeitamente bem para começar. Outros trabalhos sugerem que a utilização do tipo errado de biochar pode afetar negativamente a microbiota do solo ou, potencialmente, a sua capacidade de armazenamento de carbono. Um biochar feito de palha de arroz, por exemplo, funcionará de forma diferente num determinado solo do que um biochar feito de madeira ou estrume. No entanto, de um modo geral, os impactos positivos do biochar parecem superar os negativos. Uma meta-análise de 2011 revelou um aumento médio global do rendimento de 10%, que sobe para 14% em solos ácidos.

O maior potencial do biochar pode estar em locais onde os solos estão degradados e os fertilizantes são escassos, em parte porque ajuda o solo a reter melhor os nutrientes que possui. Andrew Crane-Droesch, da Universidade da Califórnia, em Berkeley, tem vindo a estudar os impactos do biocarvão em solos degradados no Quénia ocidental. Os seus dados preliminares sugerem que as explorações agrícolas que utilizam biochar tiveram, em média, rendimentos 32% superiores aos dos controlos.

O relatório do Banco Mundial afirma que o biocarvão tem provavelmente o maior potencial para os pequenos agricultores dos países em desenvolvimento, não só porque estão a trabalhar com os solos mais susceptíveis de beneficiar, mas também porque o biocarvão pode ser um elemento-chave da agricultura "inteligente do ponto de vista climático" - práticas que ajudam a atenuar as alterações climáticas e a reduzir a vulnerabilidade aos seus efeitos.

As fotos demonstram o efeito do biochar na fertilidade do solo. Foram tiradas durante a Conferência Internacional da Iniciativa Biochar realizada em Terrigal, Austrália, em 2 de maio de 2007.

<u>Marco Bernasconi, da DESA, actuando como uma vara de medição humana, inspecciona um campo de milho que</u>

<u>demonstra o efeito do biochar na fertilidade do solo.</u>

O interesse pelo biochar está também a crescer entre os cientistas, que estão a aumentar rapidamente os estudos para testar o seu potencial. Estão particularmente interessados em saber como as propriedades químicas e físicas das partículas de biochar afectam o movimento da água no solo, eliminam os poluentes, alteram as comunidades microbianas e reduzem as emissões de gases com efeito de estufa.

Johannes Lehmann, um cientista de culturas e solos da Universidade de Cornell, em Ithaca, Nova Iorque, afirma que os diferentes tipos de biochar "têm um potencial único para atenuar alguns dos maiores constrangimentos à produtividade das culturas em termos de saúde do solo - por exemplo, em solos arenosos e altamente degradados". Os cientistas do solo estão agora a explorar a sua utilização na agricultura e na remediação da poluição.

Um foco particular tem sido explicar como o biochar afecta o movimento da água através dos solos. Rebecca Barnes, uma biogeoquímica do Colorado College, em Colorado Springs, e alguns dos seus colegas testaram isso adicionando biocarvão a diferentes materiais. Na areia, através da qual a água normalmente se escoa muito rapidamente, o biocarvão retardou o movimento da humidade numa média de 92%. No solo rico em argila, que normalmente retém a água, o biochar acelerou o movimento em mais de 300%. Os investigadores sugerem que o biochar altera o movimento da água através do espaço intersticial - os espaços entre os grãos do solo. Os investigadores estão também a analisar a forma como os biochars influenciam a atividade microbiana no solo. Os micróbios actuam normalmente em comunidade; por exemplo, muitas bactérias patogénicas só atacam as raízes de uma planta quando se encontram em número suficiente para ultrapassar a resposta imunitária do hospedeiro. Caroline Masiello, biogeoquímica da Universidade Rice, em Houston, Texas, e os seus colaboradores descobriram que o biochar pode inibir esta ação ligando-se às moléculas de sinalização que as células bacterianas segregam para coordenar a sua atividade.

Outros investigadores estão a explorar a forma como o biochar pode reduzir as emissões de óxido nitroso, um gás com efeito de estufa, dos campos agrícolas. Xiaoyu Liu, um cientista do solo da Universidade Agrícola de Nanjing, na China, e os seus colegas referiram que, depois de o biochar ter sido aplicado uma vez em campos de milho e trigo, as emissões de óxido nitroso diminuíram nas cinco colheitas seguintes, um período de três anos. Outros estudos revelaram igualmente reduções, mas os investigadores ainda não conseguiram determinar a causa exacta deste efeito. A aplicação de biochar "também pode melhorar algumas propriedades do solo, como aumentar a disponibilidade de potássio e o teor de matéria orgânica do solo", diz Liu, que obteve algum financiamento dos produtores de biochar.

O maior potencial do biochar poderá estar em locais onde os solos estão degradados e os fertilizantes são escassos, em parte porque ajuda o solo a reter melhor os nutrientes que possui. Andrew Crane-Droesch, da Universidade da Califórnia, em Berkeley, tem vindo a estudar os impactos do biocarvão em solos degradados no Quénia ocidental. Os seus dados preliminares sugerem que as explorações agrícolas que utilizam biochar tiveram, em média, rendimentos 32% superiores aos dos controlos.

Dr. Bruno Glaser com planta tratada com biochar à direita, tratamento NPK no meio e controlo na extrema esquerda.

O Dr. Bruno Glaser está a trabalhar em estudos para verificar a sua eficácia em solos pobres no norte da Alemanha, na Universidade de Bayreuth, Alemanha. Numa experiência, demonstrou que o biochar pode quase duplicar o crescimento das plantas em solos pobres. "A investigação sobre o biocarvão começou em 1947", diz o Dr. Bruno Glaser e, segundo ele, "atualmente, há muito entusiasmo em relação ao que o biocarvão pode alcançar".

As preocupações crescentes com as alterações climáticas trouxeram o biochar para a ribalta. A combustão e a decomposição da biomassa lenhosa e dos resíduos agrícolas resultam na emissão de uma grande quantidade de dióxido de carbono. O biochar pode armazenar este CO_2 no solo, o que leva à redução das emissões de gases com efeito de estufa e ao aumento da fertilidade do solo. Assim, o biochar pode ser utilizado como corretor do solo para aumentar o crescimento das plantas. Devido ao menor teor de enxofre e azoto nos resíduos de biomassa, a sua utilização energética também cria menos poluição ambiental e riscos para a saúde do que a combustão de combustíveis fósseis.

A pirólise da biomassa tem vindo a atrair muita atenção devido às suas caraterísticas de elevada eficiência e bom desempenho ambiental. Constitui também uma oportunidade para a transformação de resíduos agrícolas, resíduos de madeira e resíduos sólidos urbanos em energia limpa. Além disso, o sequestro de biochar pode fazer uma grande diferença nas emissões de combustíveis fósseis em todo o mundo e atuar como um importante interveniente no mercado global do carbono, graças à sua produção robusta, limpa e simples tecnologia.

O mecanismo real pelo qual o biochar aumenta a fertilidade do solo ainda está a ser estudado, existem várias hipóteses diferentes e o consenso neste momento parece ser que provavelmente existe mais do que um mecanismo em funcionamento. Existem duas grandes escolas de pensamento, nomeadamente (1) mecanismos físico-químicos e

(2) mecanismos biologicamente mediados.

Mecanismos físico-químicos - Uma propriedade fundamental do biochar é a sua área de superfície extremamente grande. Quando o material biológico é convertido em carvão vegetal por pirólise (aquecimento na ausência de oxigénio), não há alteração da sua macroestrutura física. Este facto proporciona numerosos locais onde as moléculas de nutrientes (como os nitratos) se ligam, em vez de serem lixiviadas. Dependendo da fonte de material de que é feito, o biochar pode conter quantidades úteis de nutrientes para as plantas, podendo assim atuar como uma espécie de fertilizante de libertação lenta.

Mecanismos biológicos - a biota do solo é bem conhecida pela sua contribuição para a fertilidade do solo, particularmente os fungos Rhizobial. Em particular, *os Rhizobium* parecem desempenhar um papel fundamental na remineralização de fosfatos que foram insoluvelmente ligados a partículas de argila. Há muitas provas diretas de que os fungos colonizam as partículas de biochar.

Considera-se que os poros do carvão fornecem um refúgio para os fungos micorrízicos arbusculares (FMA). Estes fungos formam uma associação simbiótica com as raízes das plantas, alargando-as efetivamente e permitindo a absorção de mais nutrientes pelas plantas. Em contrapartida, as plantas fornecem a energia orgânica de que os fungos necessitam.

Por outro lado, o carvão ativado tem uma rede muito fina de poros com uma grande superfície interna, na qual podem ser absorvidas muitas substâncias. O carvão ativado é frequentemente utilizado na cultura de tecidos para melhorar o crescimento e o desenvolvimento das células. Desempenha um papel fundamental na micropopagação, na cultura de protoplastos, no enraizamento, no alongamento do caule, na formação de bolbos, etc. Os efeitos promotores do carvão ativado na morfogénese podem dever-se principalmente à sua adsorção irreversível de compostos inibitórios no meio de cultura e à diminuição substancial dos metabolitos tóxicos, da exsudação fenólica e da acumulação de exsudados castanhos. Além disso, o carvão ativado está envolvido numa série de actividades estimuladoras e inibidoras, incluindo a libertação de substâncias naturalmente presentes no carvão ativado que promovem o crescimento, a alteração e o escurecimento dos meios de cultura e a adsorção de vitaminas, iões metálicos e reguladores do crescimento das plantas, incluindo o ácido abscísico e o etileno gasoso. O efeito do carvão ativado na absorção de reguladores de crescimento ainda não é claro, mas alguns trabalhadores acreditam que pode libertar gradualmente determinados produtos adsorvidos, como nutrientes e reguladores de crescimento, que ficam disponíveis para as plantas (Thomas, 2008).

REFERÊNCIAS

Abdel-Nasser A., Hendwawy, E., 2005. *Propriedades de superfície e de adsorção de carbonos preparados a partir de biomassa.* Applied Surface Science 252: 287-295.

Alexander, A.G. *Sugarcane physiology: A study of the Saccharum source-to-sink system.* Amesterdão, Elsevier Science Publishers B.V. (1973).

Alexander, A.G. *Novas alternativas para a utilização da cana-de-açúcar.* Proceedings P.R. Sugar Technologists pp. 1-35 (1984).

Ana-Rita F, Drummond I, Drummond, W. *Pyrolysis of Sugar Cane Bagasse in a Wire-Mesh Reator.* Ind. Eng. Chem. Res. 35 (4):1263-1268 (1996).

Augeron, C e Laboisse,C. L. *Emergence of Permanently Differentiated Cell Clones in a Human Colonic Cancer Cell Line in Culture after Treatment with Sodium Butyrate* Cancer Research, 44 : 3961-3969 (1984).

Beck, Deborah A., Johnson Gwynn R. & Spolek Graig A. *Amending soil with biochar to affect runoff water quantity and quality.* Artigo de Jornal, 2011.

Berglund L., DeLuca T.H., Zackrisson O. 2004. *As emendas de carbono ativado ao solo alteram as taxas de nitrificação em florestas de pinheiros silvestres.* Soil Biology& Biochemistry 36: 2067-2073.

Berndes,G., Hoogwijk, M., Vanden B,R., *Biomass and Bioenergy.*2003.

Bridgwater, A.V., *Biomass Fast Pyrolysis.* Ciência Térmica 8(2): 21 - 49, 2004.

Chlorine, Human health and the Environment : *The Breast Cancer Warning - A Greenpeace Report,* 1993.

Dubois, M., Gilles, K.A., Hamilton, J.K., Rebers, P.A. e Smith, F. *Colorimetric method for determination of sugars and related substances.* Anal.Chem.28(3): 350-356, 1956.

Fox A., Kwapinski W., Griffiths B., Schmalenberger A. *O papel das bactérias mobilizadoras de enxofre e fósforo na promoção do crescimento induzido por biochar de Lolium perenne.* Microbiologia Ecologia 90, 78-91, 2014.

Ghosh B. *Towards modernized Bioenergy.* Escola de Estudos Energéticos, J.U. (2004).

Glaser, B., Lehmann, J e Wolfgang, Z., *Ameliorating physical and chemical properties of highly weathered soils in the tropics with charcoal - a review,* Biology and Fertility of Soils 219, 220 (2002).

Glaser B., Guggenberg G., Haumaier L., Zech W. 2001. *Persistência da matéria orgânica do solo em solos arqueológicos (Terra Preta) da região amazónica brasileira.* Sustainable Management of soil Organic Matter (pp. 190-194).Wallingford, UK: CAB International.

Glaser B., Lehmann J., Zech, W. 2002. *Melhoria das propriedades físicas e químicas de solos altamente degradados nos trópicos com carvão vegetal - uma revisão.* Biology and Fertility of soils 35: 219-230

Grigera S., Drijber R., Wienhold B. 2007. *O aumento da abundância de fungos micorrízicos arbusculares no solo coincide com a fase reprodutiva do milho.* Soil Biology & Biochemistry 39: 1404-1409.

Halimahton Mansor e Rasadahmat Ali. *Atividade antifúngica dos óleos pirolíticos do alcatrão da pirólise da madeira de seringueira (Hevea brasiliensis).* Journal of Tropical Forest Science 4(4) : 294-302 (1990).

Katerina Kryachko e Witold Kwpainski : *Produção de biochar, análise e ensaios de crescimento de plantas* 1990

Kolodynska D., Wnetrzak R., Leahy J.J., Hayes M.H.B., Kwapinski W., Hubicki Z *Adsorptive* *characterisation of biochar in heavy metal ions removal.* Chemical Engineering Journal 197, 295-305, 2012.

Kool H.J., Van Kreijl CF, Van Kranen HJ, de Greef E. *Toxicity assessment of organic compounds in drinking water in the Netherlands (Avaliação da toxicidade dos compostos orgânicos na água potável nos Países Baixos).* Sci Total Environ. 18:135-153 (1981).

Lehmann, J., *A handful of carbon*, 447 Nature 143 (2007).

Lehmann, J., da Silva J. P., Steiner,C., Nehls,T., Zech, W., and Glaser, B .,*Nutrient availability and leaching in an archaeological Anthrosol and a Ferralsol of the Central Amazon basin: fertilizer, manure and charcoal amendments*, Plant & Soil 343, 355 (2003).

Lipinsky, E.S. *Fuels from bagasse: integration with food and materials systems.* Science, 199: 644-645 (1978).

Lipinsky, E.S. e Kresovich, S. *Sugarcane stalks for fuels and chemicals (Talos de cana-de-açúcar para combustíveis e produtos químicos*). Progress in Biomass Conversion, 2:89-126 (1982).

Lowry, O.H., Rosebrough, N.J., Farr, A.L., e Randall, R.J. *Estimativa das proteínas totais* J.Biol.Chem 193: 265 (1951)

Natarajan E, Nordin A, Rao A. N. *Biomass and Bioenergy* 14(5): 533-46(1998).

Novotny, E.H., deAzevedo, E.R., Bonagamba, T.J., Cunha,T.J.F., Madari,B.E., Benites,V.de., Hayes, M.H.B. 2007. *Estudos da Composição de Ácidos Húmicos de Solos de Terra Preta da Amazônia.* Environ. Sci. Technol. 41, 400-405.

Qing Cao , Ke-Chang Xie ,Wei-Ren Bao e Shu-Guang Shen. *Comportamento pirolítico de resíduos de sabugo de milho*. Disponível online em 11 de fevereiro de 2004.

Salehi, E J. Abedi, J. e Harding, T.. *Bio-oil from Sawdust: Pirólise de serradura num sistema de leito fixo.* Energy Fuels, 23 (7) : 3767-3772 (2009).

Sharma, A e Rao, T.R. *Pyrolysis Rate of Biomass Materials and Energy*, 1998

Siddhartha Gaur, Rao, T. R., Reed , T. B., Grover, P. D. : *Cinética da gaseificação de carvão de sabugo de milho em dióxido de carbono*

Somogyi, M. *Estimativa do açúcar redutor total.* J Biol Chem 200-245 (1952)

Takashi H., Kawamoto, H., e Saka S,. *Reactividades de gaseificação por pirólise de alcatrão primário e fracções de carvão de celulose e lenhina estudadas com um reator de ampola fechada.* Journal of Analytical and Applied Pyrolysis 83(1): 71-77 (2008).

Takashi, H., Kawamoto,H., and Saka,S., *Solid/liquid- and vapor-phase interactions between cellulose and lignin-derived pyrolysis products* Journal of Analytical and Applied Pyrolysis,85 : 237-246 (2009).

Thomas, T. D. *The role of activated charcoal in plant tissue culture (O papel do carvão ativado na cultura de tecidos vegetais***).** Biotechnol. Adv. 26(6): 618 - 631.

Tsai, W. T.; Chang, C. Y.; Wang, S. Y.; Chang, C. F.; Chien, S. F.; Sun, H. F.: *Utilização de resíduos agrícolas de sabugo de milho para a preparação de adsorvente de carbono* J Environ Sci Health , 36 (5) : 677-86 (2001)

Williamson SJ. *Epidemiological studies on cancer and organic compounds in U.S. drinking waters.* Sci Total Environ. 18: 187-203. (1981).

Zoeteman, B. C. Hrubec, J, Greef, E. de e Kool, H. J. . *Mutagenic Activity Associated with By-Products of Drinking Water Disinfection by Chlorine, Chlorine Dioxide, Ozone and UV- Irradiation (Atividade Mutagénica Associada a Subprodutos da Desinfeção de Água Potável por Cloro, Dióxido de Cloro, Ozono e Irradiação UV).* Instituto Nacional de Ciências da Saúde Ambiental (NIEHS). 1982.

MIX
Papier aus verantwortungsvollen Quellen
Paper from responsible sources
FSC® C105338

Printed by Books on Demand GmbH, Norderstedt / Germany